高等院校美术与设计实验教学 系列教材

主 编◎汪晓曙

服饰立体造型创作应用 实验教程

FUSHI LITI ZAOXING CHUANGZUO YINGYONG
SHIYAN JIAOCHENG

胡大芬 编著

广东省教育厅重点实验室建设经费资助

暨南大学出版社
JINAN UNIVERSITY PRESS

中国·广州

图书在版编目（CIP）数据

服饰立体造型创作应用实验教程 / 胡大芬编著. —广州：暨南大学出版社，2013.1
ISBN 978 - 7 - 5668 - 0389 - 4

Ⅰ. ①服…　Ⅱ. ①胡…　Ⅲ. ①立体造型—高等学校—教材　Ⅳ. ① TS941.631

中国版本图书馆CIP数据核字（2012）第 254220 号

出版发行：暨南大学出版社

地　址：	中国广州暨南大学
电　话：	总编室（8620）85221601
	营销部（8620）85225284　85228291　85228292（邮购）
传　真：	（8620）85221583（办公室）　　85223774（营销部）
邮　编：	510630
网　址：	http://www.jnupress.com　http://press.jnu.edu.cn

排　版：	广州市友间文化传播有限公司
印　刷：	广州市怡升印刷有限公司

开　本：	787mm×1092mm　1/16
印　张：	7
字　数：	160千
版　次：	2013年 1 月第 1 版
印　次：	2013年 1 月第 1 次

定　价： 28.00 元

序

十九世纪英国著名风景画家康斯坦布尔曾经说："绘画是一门科学。绘画应该作为对自然规律的一种探索而从事。既然如此，为什么不能把风景画看作自然哲学的一个学科，而图画只是它的实验呢？"事实上，从方法论上来看，绘画以及一切造型艺术的确具有科学的天性——任何能称之为创作的作品都须经由反复实验才能完成。

因而，海外先进之国的美术与设计教育历来重视实验教学。我国过去由于经济发展水平的限制和认识上的不足，包括美术教育在内的所有文科教育中，实验教学长期缺位。进入新世纪，情况得到很大改观，教育界上下都深刻认识到实验教学对培养学生的实践和创新能力至关重要，越来越多的文科院校开始导入实验教学，实验室建设也被提升到空前高度。

广州大学美术与设计实验室经过多年努力，于2010年获批为广东省美术与设计实验教学重点示范中心。实验室建设要着眼于硬件配置，更要注重内涵建设。为此，从去年下半年以来，我院组织多名有丰富教学经验的教师会同其他高校的教师编写了"高等院校美术与设计实验教学系列教材"。经过教师们将近一年的辛勤笔耕和暨南大学出版社的大力支持，这套系列教材终于即将付梓出版。

本系列教材共计十九部，涉及绘画材料、现代工艺、雕塑、陶艺、摄影、服装设计、室内设计、工业设计、动画设计等多个专业，是目前国内美术与设计教育首套系列化实验教材，标志着实验教学由依靠感性经验向理性规范转变，是提升实验教学质量的重要保证。

由于时间和水平有限，教材质量必定还存在有待改善的空间，重要的是我们迈出了可贵的第一步，由衷地期望这套教材能够起到抛砖引玉的作用，以吸引更多的学校和教师热忱地投入到实验教学的建设和改革中，这也是本实验教学示范中心应有的作用之一。

本系列教材的出版，得到广东省教育厅重点实验室建设经费资助，在此表示诚挚的谢意。

汪晓曙

2011年10月

作者简介

　　胡大芬，广州大学美术与设计学院副教授，设计学硕士研究生导师，中国服装设计师协会会员，从事服装设计、广绣艺术教学和研究工作。

　　2010年，主持完成广东省科技厅科研项目《服装下半身计算机辅助设计关键技术的研究》，代表作品：第八届全国大学生运动会开幕式整体服装设计。

　　出版专著：《计算机服装结构设计》，2003年清华大学出版社；《服装立体裁剪技术实验教程》，2011年暨南大学出版社；《裙与裤结构设计关键技术及CAD应用》，2012年中国轻工业出版社。发表专业论文20余篇。

引　言

　　立体裁剪是服饰动感塑造最主要的表现手法，服饰动感的表现，从运用最原始的雏褶加放至褶形态的千姿百态，使用布料的软雕塑、缠绕、编织等手法来最大限度地表现美感。随着社会的发展和高科技的不断涌现，立体裁剪对服饰动感的表达方式、设计手法也随之更新。立体裁剪更应该在不断更新与淘汰中发展，设计师必须具有超前的意识和锐利的眼光，对整个社会的发展有深刻的了解，及时更新设计手法和语言模式，把最新的设计思想融入到飞速发展的社会中，在与其他学科相互融合的过程中不断发展，开拓新的艺术语言和艺术形式。

　　我们只有认识到美是来自人的社会实践，美是具体可感知的形象，它体现着人的自由创造力，这样才可以感知服饰艺术魅力的根源。

　　对立体裁剪表达语言的研究，设计师不应局限于孤立的本门类研究。艺术并不是孤立的、封闭的，而是众多艺术和科学的互相渗透，无论是音乐、美术、舞蹈，还是建筑、雕塑、园林等各门艺术，都是一个开放的形态，兼容并蓄，多种艺术形式互相渗透或交叉。就服饰设计而言，在艺术手法、语意形态、艺术感染等方面与其他设计类别相比较，设计艺术门类间在设计手法上的相互交融可以在某些方面进行渗透性互借的设计，或者说各门艺术设计都能在服装设计中找到表现语言的契机。与此同时，服装设计也能在其他设计中找到新的形式美感，这是当代设计师必须自觉去观察和挖掘的，开放性思维是每位设计师必备的能力，并且在不断追求着。

　　对立体裁剪动感表现手法的研究，更是离不开大量的社会实践。通过社会实践，去罗列烦琐的现象，从而归纳出其中的规律，运用概念之间的相互联系来组织理论框架，并通过大量的社会实践，在总结、剖析中不断进取，理论与实践紧密结合，极力提倡的是语言表达的更新、表达方式的更新，更重要的是开放性思维和观念的更新。

目 录

第一章　立体裁剪深层次的
艺术表现

第一节　立体裁剪应用的思想更新

　　动感予以艺术生命，动感予以艺术灵魂。在视觉艺术中，动感是节奏与韵律的一种心理体验，是隐藏在作品中的一种潜在的运动。

　　服饰设计的动感体验，不仅在于作品本身的视觉魅力，更为重要的是在人体动作中所闪现出来的随机美感，是服饰艺术独特的动感美学特征，立体裁剪作品的设计更有利于这种思想的表达和发挥。

　　要把握好立体裁剪作品这种动感表现的方式，依靠的是设计的审美与心理感受，在作品完成的过程中，不应孤立地看一件作品的审美，而应把作品及作品的环境、作品的穿着、灯光等方面都考虑在内，所表现的是艺术的整体以及作品所传递的艺术思想和魅力。如图1-1-1、1-1-2所示，Christian Dior 2007 高级时装《蝴蝶夫人》，作品采用立体裁剪的手法和理念，远远超越了立体裁剪本身的技术含义。《蝴蝶夫人》轰动世界，带来的是时装设计艺术观念上的更新。

　　立体裁剪的审美包括诸方面的因素：环境、妆饰、道具、灯光等，以共同的语言诉诸观众，传递美的信息。

图1-1-1　Christian Dior 2007 高级时装《蝴蝶夫人》作品

图1-1-2　Christian Dior 2007 高级时装《蝴蝶夫人》作品

　　随着当前宏观艺术形势的发展，各门艺术并不是孤立、封闭的，而是众多艺术与学科互相渗透的整体。服饰设计也不例外，其设计语言也在不断探索中更新，如造型与材料的结合、造型与工艺的结合、造型与人体的结合、造型与色彩的结合、造型与科技的结合等。我们试图通过大量的社会实践，不断探索新的手法，包括新的设计语言、新的搭配手法、新的表现方式，甚至是新的欣赏着眼点。如图1-1-3、1-1-4所示，学生们结合各种手法所做的社会实践作品，使得立体裁剪技术在不断创新、不断地横向发展，这不仅是在白胚布上的创作实践，还包括白胚布外延伸的审美设计。

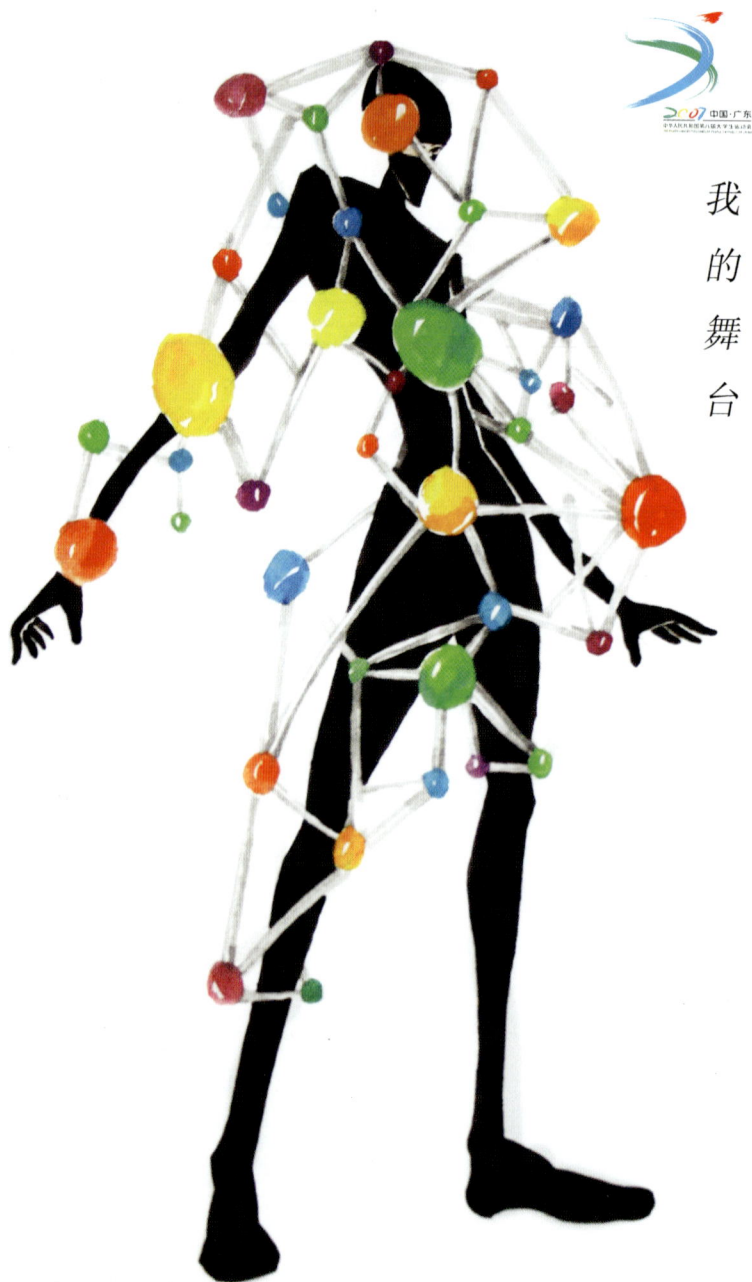

图1-1-3　第八届全国大学生运动会开幕式服装设计效果图

图1-1-4　第八届全国大学生运动会开幕式服装设计作品

　　人类的思维是以心理时空的积淀、转换和飞跃而发展的，因此，设计师应该以更新的设计语言去揭示服饰艺术中不断变化的审美需求，不断探索予以服饰生命的关键所在，才可能获得设计的创新与成功。

　　设计师应该通过大量创新性的实践作品，传达动感语意的艺术魅力，并通过大量的实践作品，践行这些设计思想、设计手法。对服饰设计动感语意的表达要有自己的艺术主张和经验，通过理论与实践的结合，以理论指导实践，反过来又对社会实践作理论的剖析。在社会实践中，既是对新的设计语言的探讨，也是对创作这些作品的新的语言和手法进行检验，这是一个非常重要的过程。在这些服饰设计作品中，传达着服饰作品独特的动感魅力，给人带来新的动力，使人赏心悦目。如图1-1-5、1-1-6、1-1-7所示，皆为广州大学学生立体裁剪作品。

图1-1-5　学生谢汝帮作品

图1-1-6　学生黄丽娜作品

图1-1-7 学生张子莹作品

多角度研究立体裁剪艺术的美学特征，有助于推动立体裁剪设计思维与手法的创新。随着社会的不断发展，人们的审美需求不断变化，新世纪的新形势对服饰的设计水平提出了更高、更精的要求，因此，更深层次地认识服饰设计，研究审美心理对服饰设计理念的更新有着重要的作用。

通过对立体裁剪手法及思维更新的课题学习，在教学和实践的层面上，围绕着艺术学、服装设计学、审美心理学以更精、更专业的角度去挖掘、分析，对立体裁剪动感语意的表达方式进行深入的剖析，这对启发立体裁剪的创新有着极其重要的意义。

立体裁剪手法和表达方式的更新发展，不应停留在款式的长或短、松或紧、素色或大花等表面形式上，而应从其内涵中分析、研究，尤其是在视觉效果的共鸣上，更多地给予人们个性与自信，力求在各门学科间寻找共同的渗透面。在人们生活不断多元化的今天，对服饰设计这门艺术的追求应更具人性化、社会化、艺术化。

创新就是创造新的东西，它包括造型、色彩、材料等因素的思想、手段、方式的创新。而在服饰设计中对创新性的理解不应局限于视觉元素的创新。历史告诉我们，创新应该包含更为广泛、宏观的社会因素，比如流行因素的创新、功能性的创新、生活方式的创新、科技因素的创新、人际关系因素的创新等随着社会发展而出现的新的因素的创新。创新是艺术设计的生命，更是设计师神圣的社会责任。

第二节　立体裁剪的审美延续思维

　　就单纯立体裁剪技术而言，根据款式的要求，达到款式的造型效果，这是最基础的立体裁剪工作。当今，对掌握立体裁剪技术的要求，不局限于通过立体裁剪技术去达到款式的造型，我们更多的是考虑立体裁剪审美的延续思维问题。立体裁剪的技术与手段，不仅包括造型与效果，在策划立体裁剪手法、方式、材料的同时，更多地考虑横向的设计因素、环境因素、模特因素等方面，孤立地理解和表达时装作品的立体裁剪技术是苍白而无味的。著名的日本时装设计大师三宅一生（Issey Miyake）的作品开创了立体裁剪审美延续的先河，如图1-2-1、1-2-2所示。

图1-2-1　三宅一生（Issey Miyake）作品　　　　图1-2-2　三宅一生（Issey Miyake）作品

　　环境因素直接影响立体裁剪技术的手法。立体裁剪手法非常丰富，用白胚布做软雕塑作品的形容是最为贴切的。同时，对作品亮面和暗面的表达、肌理的表达必须采用不同的成形手法，当加入了环境因素时，与环境的配合在立体裁剪手法上会产生不同的效果。如图1-2-3、1-2-4所示，第八届全国大学生运动会开幕式服装设计作品，在环境要求上，加入了激光技术对服饰反光的因素。因此，对服装用料的要求作了大修改，即在服饰的前胸、帽边、裤身等部位用平面手法贴上反光面料，在演员动作与激光技术的配合下，服饰发出了不同的光幻效果。

图1-2-3　第八届全国大学生运动会开幕式服装设计作品

图1-2-4　第八届全国大学生运动会开幕式服装设计作品

　　如图1-2-5、1-2-6所示，环境是造就作品气氛的最强烈因素。因此，立体裁剪手法的运用，绝不能孤立地想象效果。总之，环境是一个重要的因素，在某种情况下，甚至是作品的主要承载因素。

图1-2-5　学生黄雁针作品

图1-2-6　学生洗韵莹作品

　　妆饰因素是立体裁剪作品表现的延续和补充。化妆与饰物也是作品表现的一个重要语言，使妆饰造型与色彩的语言表达极其丰富和讲究。每一套作品的表现，模特儿的化妆与饰物完全参与作品的演绎，这对于目前时装表演秀而言是难以做到的，模特儿每每出场其妆与饰是重新造型，或者是出演服装的件数与模特人数相同才可能做到。对于化妆表达的设计延续，设计师有可能想象出来，但真正落实在时装表演秀中却难以实现。

　　2010年在北京举办的中国国际裘皮革皮制品交易会上，一场题为《梦》的时装表演，以特别的舞台设计形式，把观众安排在舞台当中，观众身在其中，直接参与时装表演的环境，堪称"观众不是配角"。

　　立体裁剪审美思维的延续，包括了诸多横向因素，一切皆有可能作为补充的辅助语言，都可以有效地吸纳在我们的立体裁剪技术中，关于立体裁剪审美思维的延续案例分析，在后面章节将会深入论述。

思考练习题

　　通过图书、杂志、网络，搜集自己喜欢的、应用了立体裁剪创新手法设计服饰的名师作品，并扼要概括其设计构思及创新手法。每人需要搜集约三十个款式。

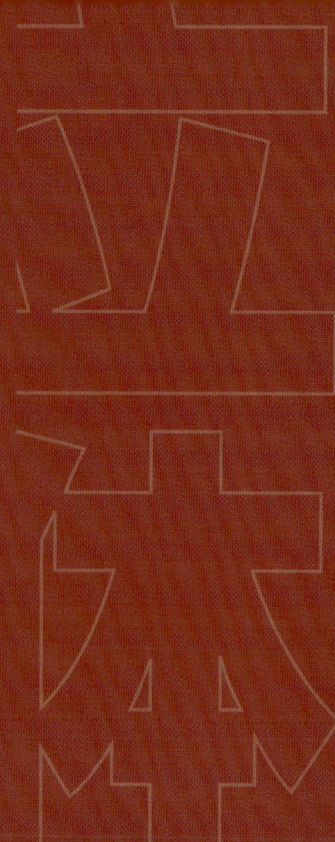

第二章　立体裁剪寻求表达
　　　　动感的因素

在艺术评论中广泛应用的一种暗喻便是将艺术品比作"生命的形式"。每一位艺术家都能在一件优秀的艺术品中看到"生命"、"活力"或"生机"。当他们谈到一幅绘画的"精神"时，他们并不是指那种促使自己进行艺术创造的精神，而是指作品本身的性质。他们感到，作为一个画家，他的首要任务便是赋予他的绘画以"生命"，一件"死"的作品肯定是一件不成功的作品。①

第一节　动感美予以艺术作品生命

T.S.艾略特曾经这样说过："一个中国式的花瓶，虽然是静止的，但看上去却似乎在不断地运动着。"对于这种不动物体中的运动，在希腊雕塑的折褶中和巴洛克式的建筑物正面的漩涡饰中可以真切地感受到。艺术家们认为，这种不动之动对于艺术品而言是一种极为重要的性质。按照达·芬奇的说法，如果在一幅画的形象中见不到这种性质，"它的僵死性就会加倍，由于它是一个虚构的物体，本来就是死的，如果在其中连灵魂的运动和肉体的运动都看不到，它的僵死性就会成倍地增加"。很明显，在绘画作品中，是根本看不到什么真实的运动的，如果提因尼莱托画出的天使果真能在画中的空间中飞翔，我们准保以为，这是惊人的奇迹出现了。②任何艺术作品，只要缺乏运动感，它看上去就是死的，即使别的地方表现得再好，也不会引起观赏者的兴趣。

在漫长的历史长河中，视觉艺术家们一直在尝试表现动感，画家们将这种不动之动的表现称为绘画的灵魂。

古希腊雕塑家米隆的惊世之作《掷铁饼者》，以古代奥林匹克竞技会五项全能运动为素材，捕捉了投掷铁饼运动过程的一个瞬间，掷铁饼的强烈动势与雕像的稳定形成对比，体现了动与静的巧妙结合，表现出运动瞬间体魄强壮的躯体爆发的最佳动态，从而成为奥林匹克比赛的纪念碑。如图2-1-1所示。

---

① [美]苏珊·朗格. 艺术问题. 滕守尧，朱疆源译. 北京：中国社会科学出版社，1983. 41.
② [美]鲁道夫·阿恩海姆. 艺术与视知觉. 滕守尧，朱疆源译. 北京：中国社会科学出版社，1984. 569.

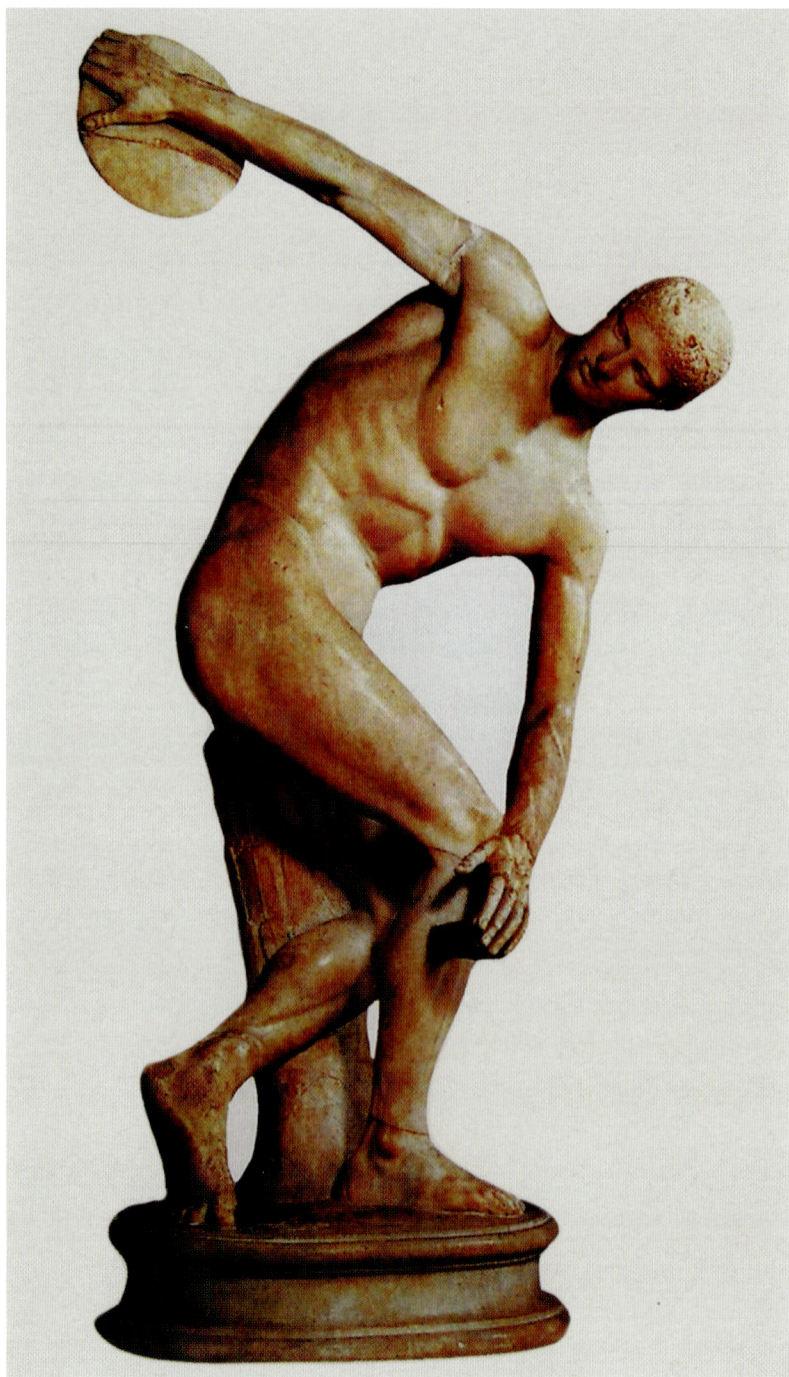

图2-1-1 掷铁饼者 米隆［古希腊］

马蒂斯名作《舞蹈》，表现了5个手拉着手欢快地尽情舞蹈的裸体男女，他们动态各异，却有着统一的韵律，给画面带来了活跃的动感，在绘画上厚重有力。他所采用的表现手法无论是点、线、面，还是色彩、轮廓都力求简略到最大限度，具有很强的动感表现力，欢跃的舞姿与稳重的色彩构成对比，组成统一和谐的画面。如图2-1-2所示。

图2-1-2 舞蹈 马蒂斯［法国］

画家安格尔的《加拉的玻林娜·埃莲诺尔》如图2-1-3所示，安静高贵的人物形象，与激情洋溢的服饰对比，使整个画面华美而有音乐感，铿锵有声。画家乐此不疲地描写服饰、环境的动感神韵，使整幅作品静中带动、真挚质朴又不显沉闷。

高更坚持探索和表现塔希提岛上居民的风俗以及他们的精神世界，并从他们纯朴的生活环境和独具特征的艺术形象中获得自己艺术创作的灵感，用强烈独特的色彩风格表现了动情迷人的塔希提岛，展现出高更内心巨大的创作热情。

画家杜桑在《下楼梯的裸女》中，采用十来个重叠的人体再现了下楼的时间变化。

比利时新艺术运动大师维克多·霍塔在他的建筑与室内设计中经常使用葡萄藤蔓般相互缠绕和螺旋扭曲的线条，起伏有力，成为比利时新艺术的代表性象征。1893年，霍塔在布鲁塞尔都灵路12号设计了"塔塞尔旅馆"，设计中到处充满着难以言喻的曲线美，葡萄藤蔓的枝条以及矛盾对立的线条形成了旋风似的装饰，每个小细节都精心设置，[1]优美的动感线条与梯级的对比，奏出跳动的韵律美，成为新艺术设计中最为经典的作品。

---

[1]杨先艺. 设计艺术历程. 北京：人民美术出版社，2004. 140.

图2-1-3 加拉的玻林娜·埃莲诺尔 安格尔
[法国]

罗维堪称美国产品设计之父，其在20世纪30年代开始设计的火车头、汽车、轮船等交通工具中引入流线型特征，从而引发了流线风格。①物理意义上的流线型指的是其形状能减少物体在高速运动时的风阻隔，而在工业设计中，它却成了一种象征速度、动感和时代精神的造型语言，瞬间引发全球流线型风格的盛行，一发不可收拾。

以动感美塑造而著称于世的时装设计大师安德烈·克雷休斯以轻柔、活泼、运动的风格被称为"先锋派"的超现代设计，其大胆超前的动感风格造型，开创了时装设计的新纪元。

1984年，首届中国文化时装大奖赛中，青年设计师姚红凭一款飘动中的旗袍获得了全场最高奖项。作品在设计构思上，借用了类似旗袍的偏襟不对称形式，前后片过肩，五色像河水不断地流动，左下脚绣上五彩祥云，象征蓝天的一大片空白，以虚为主，下摆点缀着几朵祥云，似行云流水般的浮动。整件作品突出了我国传统旗袍的精华，端庄而含蓄，又处处充满着轻松流动的气息。设计师没有在长、宽、高上作大的变化，而是在突出整体作品动感效果上精心塑造，蓝天、白云、海水充分表现了大自然风光。可以说，姚红在旗袍设计的改革上作了成功的探索。

如图2-1-4所示，第八届全国大学生运动会开幕式服装设计作品《为青春喝彩》，

图2-1-4 第八届全国大学生运动会开幕式服装设计作品

①杨先艺. 设计艺术历程. 北京：人民美术出版社，2004. 209.

服饰设计紧紧围绕着动感魅力进行塑造，极力表现大学生的青春活力以及为青春喝彩的风采。

在视觉艺术作品中，我们看到的运动与我们观看一场舞蹈和一场电影时见到的运动是极不相同的。我们在画和雕塑中既看不到由物理力驱动的动作，又看不到这些物理动作造成的幻觉，我们从中真正看到的仅仅是视觉形状向某些方向上的集聚或倾斜，它们传递的是一种事件，而不是一种存在。正如康定斯基所说，它们包含的是一种"具有倾向性的张力"。按照联想主义的解释，这种运动并不是在作品中直接看到的，而是观赏者在观看过程中把自己以往的经验加入到作品中去的。①

在一幅优秀的绘画或一件雕塑作品中，人的身体看上去总是在以一种自由的节律运动着，而在一幅低劣的作品中，身体就显得呆板和僵硬。当我们观看一件低劣的运动服作品时，虽然知道它表现的题材是运动，却不能从中感觉到运动，即使有意地寻找和发现其动势，也仍然无济于事。要想使一件作品富有运动感，只有当作品的所有细节部分与整个构思的运动旋律组织起来，以形式美学的观点去组织，并使整体画面得到协调，包括使用的材料、配色等各种因素，才有可能实现。

艺术作品中不动之动的艺术感性，是艺术家们一直追求的视觉感观，没有一幅画和一座雕塑能够表现出肢体那真实的运动，它们所能表现出来的，最多不过是物体偏离了正常的位置所蕴藏的张力，对这种张力的追求需要的是形式美学的理论和基础，需要艺术家们有意识地塑造和寻找。

第二节　立体裁剪的手法以寻找动感表达为基础

艺术作品中"运动"一词的表达，是与某种传统的运动意义极为不同的另一种运动。它能够描述变化、描述心灵的触动。在视觉艺术中，运动是节奏与韵律的一种心理体验，是隐藏在作品中一种潜在的运动。这种不动形式中的运动，是艺术创作的生命、艺术创作的灵魂，是艺术作品之"神"。对艺术作品中动感的追求需要通过艺术设计的形式、手法、表现的语言去有意识地刻画，从而赋予作品强大的生命力。这种有意识的追求是点到为止，而不是无限度的张扬，就好比音乐中的动态音符，不是无限制地跳跃下去，而应该具有对比和反差，以达到动中有静、静中有动的艺术境界。

艺术的理论是相通的，服饰设计与绘画、雕塑等艺术表现一样，也在努力寻求作品中的动感形式，立体裁剪的手法也随之不断地更新与丰富，其艺术追求是建立在寻找动感表达的基础之上的。

由于人台制作技术、型号、材料等因素的制约，立体裁剪针对的款式造型范围受到很大的限制。人体体型与人台模特的差距比较大，虽然人台制造商尽量用写实的角度设

①[美]鲁道夫·阿恩海姆. 艺术与视知觉. 滕守尧，朱疆源译. 北京：中国社会科学出版社，1984. 569.

计人台规格与型号，但是受到技术、设备、材料等因素的影响不可能与真实的人体有更准确的同步变化。这样，立体裁剪技术的应用就有一定的范围与限制。相对来说，立体裁剪手段对生活装设计的应用比较少，更多的基础型款式可以用平面打板技术来解决，减少制板的成本，同时也通过经验不断增加板式与人体的吻合度。但是，一些复杂的款式造型设计在平面打板技术中难以做到，如图2-2-1、2-2-2、2-2-3、2-2-4所示，这些

图2-2-1　学生林灵芝作品

图2-2-2　学生李丽云作品

图2-2-3　学生廖敏宇作品

图2-2-4 学生黄淑琪作品

款式都必须通过立体裁剪技术去完成制板。由于人台规格、型号等因素，虽然在立体人台上很平整贴服，但是当穿着在人体身上时也需要进行二次或三次的修正，其准确性受到较大的影响。因此，立体裁剪手段在生活装的应用设计中还是偏少，更多的是应用在礼服及艺术装的设计上。立体裁剪手法被形象地形容为软雕塑的艺术手法，是更适合于服饰设计艺术的一种动态表达。

立体裁剪的表现手法更多表现为一种随机的、自如式的设计，这种设计手法从意大利文艺复兴时期的雕塑家米开朗基罗·博那罗蒂（Michelangelo Buonarroti）作品的服饰中可以看到，如图2-2-5、2-2-6所示。服饰的随意性与不规则性，是平面打板难以做到的，服饰的自如褶皱与缭绕方式，是在平面打板技术前人们一种随意式的穿着方式。

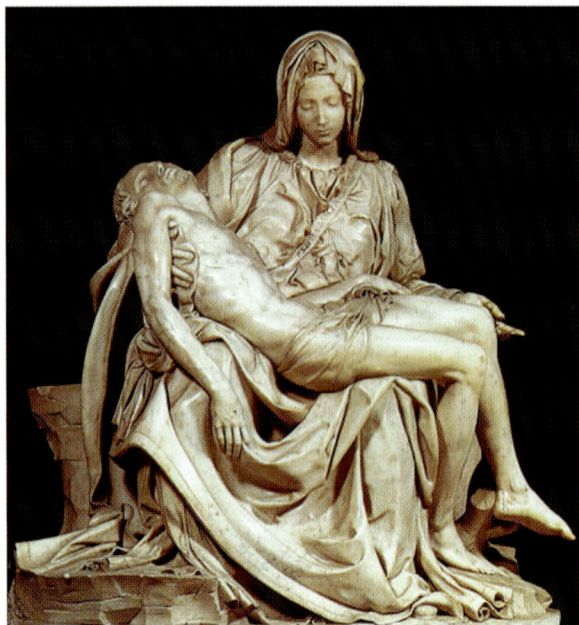

图2-2-5　哀悼基督　米开朗基罗［意大利］　　　　图2-2-6　摩西　米开朗基罗［意大利］

立体裁剪技术的特征在于随机任意式的操作，可以用前人总结出来的主要手法，但更多的是在自我创新和根据材料特点的基础上采用一切可以达到审美效果的手段，给人们带来巨大的视觉冲击与愉悦。这对于服装造型、面料、色彩及艺术渲染的表达与陈列展示具有独特的审美价值，设计大师们在立体裁剪技术的创新上进行了非常成功的探索。

思考练习题

不限于服装设计专业，搜集艺术作品中对动感表达手法的表现方式和艺术追求，提高对立体裁剪动感表现的理解，要求对五件艺术作品进行评析。

第三章 立体裁剪技术的
语言表达

　　从古到今，对设计的艺术追求都体现在设计作品中，中国的仰韶、马家窑、屈家岭、大汶口出土的彩陶品种丰富，各种造型都能表现出各自的功能，又具有极为动人的美感。而在这些经典的艺术作品中潜意识地包含着许多后来人所总结出来的艺术语言、艺术手法，并且都是按照这些基本的艺术语言和艺术手法去创造出一个个不同时代风格的艺术作品。自古以来，艺术家们非常强调作品的透气性以及一种视觉的聚焦点，这种透气、聚焦在设计中表现为五个方面——动、睛、神、意、韵，这是视觉艺术中动感美最基本的表现形式。

第一节　对比与统一的强调

　　运动，是视觉最容易强烈注意到的现象。运动，就意味着周围产生变化，有了变化就给人带来强烈的印象。而这种变化与运动是建立在对比与统一的基础上，有变化、有对比，最终达到作品整体的统一。如图3-1-1、3-1-2所示，作品始终在不断对比中作统一的强调。

图3-1-1　学生李彩移作品

图3-1-2 学生王深作品

电影艺术中所表现的运动和视觉艺术中的运动与舞蹈是极不相同的，"在一幅绘画或是一座雕塑中，全部物体那永恒的平衡是由活动的力量建立起来的，这些力量或是互相排斥和吸引，或是向着某一特定的方向推进，但总是要在形状和色彩组成的空间次序中显示自身。在戏剧和舞蹈中，它们的全部活动是由物体确定下来的，这些物体又是由它们所做的事情确定的"。"一幅画所包含的力，基本上是通过空间显示出来的；而这些空间物体的方向、形状、大小和位置就确定了这些力的作用点、方向及强度。空间本身的结构状态就成了这些力的特殊参照构架。一场戏剧或一场舞蹈的空间，是通过在舞台上展示出的活动力显示出来的；当演员们穿过舞台时，力的扩展就变成了真实的物理力的扩展。"[1]各门艺术都有自己的独特语言，语言是构成各门艺术的基本单位和基本框架。音乐中有音符、旋律、节奏等，建筑艺术中有空间、形体、比例、均衡、色彩、

---

[1][美]鲁道夫·阿恩海姆. 艺术与视知觉. 滕守尧，朱疆源译. 北京：中国社会科学出版社，1984. 522.

装饰等诸多因素。在设计艺术中，点、线、面、色彩、对比、韵律等如同单词，这些单词的单一组合如同词组，形式原理、配色原理如同语法，个性和情感则是修辞手法，完成的作品就是整篇文章，是艺术家对美的诠释，并通过这些设计语言创造出作品优美的造型和最佳的实用功能。

　　而在各门艺术语言的表达中，无论是点、线、面、色彩、对比、韵律中的哪种方式，其最基本的要求，都是建立在相互的对比与统一中，在对比中追求和谐统一，局部与整体的对比、局部与局部的对比等。在立体裁剪中还经常使用等差数列的分割和等比数列的分割，如图3-1-3、3-1-4所示，在一些款式如裙摆、衣皱褶设计等分割中常用到按选定的"公差"分割或按选定的"公比"分割，这些分割方式，都能在变化中显示出一种秩序性。假如设计师任意选择或跟随设计感觉自由截取，就有可能陷入无秩序性的零乱之中。

图3-1-3　学生洪洁敏作品

图3-1-4 学生谢汝帮作品

　　在色彩运用中，面块间的对比与统一尤其要把握到位，色彩的组合是服饰设计重要的视觉因素。达·芬奇曾说过："调和就是秩序。"音乐艺术中有"和声学"，在视觉艺术中色彩的运用强调的是在不断对比中努力寻求统一，艺术家们一直追求色彩的和谐，追求什么样的色彩搭配产生出来的颜色能够给人以自然融洽的感觉，或者是产生强烈的视觉冲击。

　　如果一幅构图的所有色彩要成为互相关联的，它们就必须在一个统一的整体中配合起来。当然，在一幅成功的画中，或一个高明的画家所使用的色彩中，也有可能局限在某种不包括某些色相、明度和饱和度的有限范围之内。既然我们现在拥有了相当可靠的客观识别标准，就可以用它来测定特殊的艺术作品和某个画家所使用的颜色。但是，由于艺术家们所使用的色彩，在任何情况下，都同时符合各种色彩和谐系统提出的简单规

则，在具体测定时就不那么肯定和容易了。①

　　同一组乐曲，用某种音符序列排列起来也许会组成一支优美动听的乐曲，但把它们随便搅混在一起时，却只能是一片嘈杂的声音。同理，一组颜色按照一定的配置混合，就可以形成一个有机的整体，而按照另一种配色方法，很可能成为一堆杂乱无章的颜色。如图3-1-5所示，广州大学学生2008年参加广东大学生时装指定面料团体创意设计大赛，获"最受面料企业欢迎奖"作品。

图3-1-5 学生梁穗莎、卢燕莉作品

①[美]鲁道夫·阿恩海姆. 艺术与视知觉. 滕守尧，朱疆源译. 北京：中国社会科学出版社，1984. 478.

如图3-1-6、3-1-7所示，第八届全国大学生运动会开幕式的服装设计《和谐阳光》。设计构思强调色彩以和谐为主调，采用金色系列，全场以金色带入观众的视野，大胆参照博士帽的原造型设计，将黑色改为金色，尽展裙子中黄色纱与面料的对比所产生的层次感。通过演员的舞姿动作、纱网所产生的抖动使裙摆闪现着阵阵金烁，裙子与上衣面料质感的肌理对比，上衣静、紧与裙摆动、松的对比，用色彩把整个作品统一起来，尽显和谐气氛。

图3-1-6　第八届全国大学生运动会开幕式服装设计《和谐阳光》草图　绘画：胡大芬

图3-1-7　第八届全国大学生运动会开幕式服装设计《和谐阳光》

对比与统一是艺术学的一般形式和规律，没有对比或者说是过分的对比都是不成功的设计。对比的概念是整体观念，任何艺术都必须整体构思，不断重复的对比，不断重复的统一，立体裁剪的造型也就是在这种不断的对比中寻求整体的统一。

第二节　比例手法在动感表现中的擅用

设计艺术中，运动的表现首先取决于比例。

比例作为形式美的一个重要法则，自古以来就受到人们的重视。比例是指整体与局部之间的关系，是构成要素各部分之间的匀称性，古希腊哲学家毕达哥拉斯关于美是和谐与比例的观点则是这种传统的理论之源。例如，当艺术由文艺复兴风格发展到巴洛克风格时，建筑艺术中所喜爱的形态就由圆形和正方形转变为椭圆形和长方形。这样就通过比例上的改变创造了张力。乌尔富林在其《文艺复兴风格和巴洛克风格》中说过："缓和性和运动性是巴洛克风格的两个原则，它的目的不仅在于取得完善的结构形体……而且要取得一种事件性，即表现在这个形体中的某些特殊的运动。"早期的时装设计中，以比例的改变塑造动感美也是设计师最主要的语言。比例分为黄金比例、根号比例和数列比例几种，在服饰设计中，这是人们对量的一种视觉和心理的感觉。

在巴洛克风格的艺术作品中，我们可以找到许许多多由变形产生张力的例子。乌尔富林曾经指出，在巴洛克风格中见到的那些取代了正方形的长方形，虽然受到人们的喜爱，但并不意味着这种长方形比例就是文艺复兴时期所盛行的黄金比例（黄金段比例曾经因为它那比较和谐和稳定的特性而特别受到人们的宠爱）。巴洛克风格中的长方形，是一种比黄金段更加苗条或更加矮胖些的比例，这种比例会造成更大的张力。[1]如图3-2-1所示。

图3-2-1　巴洛克风格的建筑

---

①[美]鲁道夫·阿恩海姆. 艺术与视知觉. 滕守尧，朱疆源译. 北京：中国社会科学出版社，1984. 589.

16世纪的画家和作家拉玛佐在论述绘画中人体比例时，曾经对于楔形的运动感作过如下有名的评论："一幅画，其最优美的地方和最大的生命力，就在于它能够表现运动，画家们将运动称为绘画的灵魂。在所有那些能够造成运动的形状中，没有一种能够抵得上火焰的。按照亚里士多德和其他一些哲学家的看法，火焰的形状是所有形状中最活跃的，因为火焰的形状最有利于产生运动感。火焰的最顶端是一个锥体，这个锥体看上去似乎是要把空气劈开，向上伸展到一个更加合适的地方。"[1]以火焰造型、楔形的比例表现服饰的动感美也是设计师常用的手法之一。

如图3-2-2、3-2-3所示，第八届全国大学生运动会开幕式的服装设计《七月》，造型设计构思源于火焰，参考锥形的比例。七月，流火的季节；七月，绚丽的夏季。火红的七月、动感的七月，用大红表现这一篇章的主题色。服饰外型以火为原型表现动感美，一片红色的海洋，红色铺满舞台，飘动的服饰，千面的红旗，表现青春的热火、心的热烈。色彩、造型、动作，共同塑造火红七月的动感魅力，表现出强烈的动感活力。

第八届全国大学生运动会开幕式的服装设计《为青春喝彩》，服饰设计构思以火焰为基础，红黑对比，在大屏幕烈火熊熊下，演员舞台服装反射荧光红色，在灯光及镭射激光、舞蹈动作的共同配合下，给人以劲力动感美。

图3-2-2 第八届全国大学生运动会开幕式服装设计《七月》

---

[1][美]鲁道夫·阿恩海姆. 艺术与视知觉. 滕守尧，朱疆源译. 北京：中国社会科学出版社，1984. 580.

图3-2-3　第八届全国大学生运动会开幕式服装设计《七月》效果图　绘画：胡大芬

　　如图3-2-4、3-2-5所示，第八届全国大学生运动会开幕式的服装设计《我的舞台》，用服饰表现现代化教学的用具，三角尺、圆规等教学工具。服饰表现和制作上难度相当大，服饰脱离了基本的人体造型。以具象的工具为外造型的一个踩高跷的杂技节目，该节目把死板的教学工具，通过人体动作搬上了舞台，并且表现出强烈的动感意识。在设计构思中，他们通过具象与抽象的比例手法，把这些具象的教学工具抽象地表达出来。

　　黄金比例是造型美学的理论，世界上很多名作建筑或绘画，如法国巴黎的埃菲尔铁塔、埃及的金字塔、中国的敦煌壁画等，虽然出自不同的国家、不同的时代，但在它们身上都能找到共同的艺术手法。在长度和面积、整体与局部等方面都存在着一定的黄金比例关系，这种比例关系给予作品以艺术的动感与生命。

　　准确的比例和巧妙的比例差是构成造型美的基础，个性的比例容易突出动感的塑造，运用几何语言和数值比差表达动感视觉因素是服饰设计重要的手段。设计艺术要讲究"度"，把握好分寸。托尔斯泰经常引证俄罗斯画家勃留洛夫说过的一句话："艺术就是从这'稍微'两个字开始的地方开始的，这稍微几笔，就是艺术的一切！"托尔斯泰把这话称为"关于艺术的一句意义深长的箴言"。他还说"没有分寸就没有艺术"。因此，立体裁剪服饰动感的塑造讲究"度"是非常重要的。

图3-2-4　第八届全国大学生运动会
开幕式服装设计《我的舞台》效果图

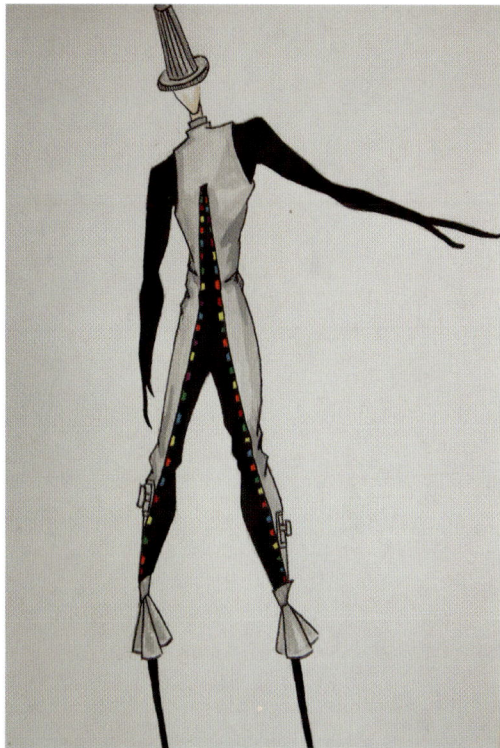

图3-2-5　第八届全国大学生运动会
开幕式服装设计《我的舞台》效果图

第三节　节奏与韵律的表达方式

　　节奏与韵律也是表现运动的重要手法。节奏是指运动过程中有秩序的连续。韵律是任何物体的诸元素成系统重复的一种表现，是使任何一系列大体上并不相连贯的感受获得规律化的手法之一。视觉艺术的节奏与韵律，表现在类似音乐运动形式的形态结构上，借用音乐的概念探讨造型艺术的时空关系以及动态美感。韵律的美感体现在"动"上，流动性的旋律，活泼、自由、明快、变化无穷、生机勃勃。有渐变的节奏、发射的节奏、有秩序的节奏、无秩序的节奏等形式，每一种形式给人不同的美感与效应。美国学者苏珊·朗格对节奏的研究有独到的见解，提出了"生命形式"这样一个重要的美学概念。她认为节奏性与有机统一性、运动性与生长性一起构成了生命形式的全部基本特性，这些特性都可以在艺术形式中找到，也就是说艺术形式与生命形式"同构的形式"。①节奏存在于一切艺术的结构与形象中，使作品具有生命活力、张弛有致，更引人入胜。

---

①[美]苏珊·朗格. 艺术问题. 滕守尧，朱疆源译. 北京：中国社会科学出版社，1983. 49.

图3-3-1　第八届全国大学生运动会开幕式服装设计
《飞，让我们一起飞》效果图　绘画：李敏斌
语言，并结合舞蹈动作，作了成功的尝试。

从以下这组服饰作品中，我们可以感受到这种节奏及韵律所产生的动感魅力。

如图3-3-1所示，第八届全国大学生运动会开幕式的服装设计《飞，让我们一起飞》，蓝色主调的场次，青春无敌、力量充沛，亮钻蓝配枚红色，格外引人注目，大胆的左右长短搭配，更突出了青春动感美，动作节奏与服饰设计节奏、灯光闪动节奏产生强烈的舞台效果。

如图3-3-2所示，第八届全国大学生运动会开幕式的服装设计《邀请世界》，通过服饰、舞蹈动作、场景、灯光，把整个舞台效果表现出来。热情、奔放、动感、邀请世界。为了增加整个现场气氛，特意在服饰设计中加入通过演员挥舞的动作而展现的大色块翅膀，随着演员的舞蹈动作，使大色块产生律动的效果，把现场气氛带入高潮。色彩的海洋，一片欢腾，服饰色彩铺满了整个会场，设计师充分利用了动感的表现

图3-3-2　第八届全国大学生运动会开幕式服装设计《邀请世界》效果图　绘画：胡大芬

如图3-3-3所示，广州大学学生实践设计效果图，以鲜明的色彩作为诉说语言，架起了服饰系列的节奏与律动。

动感美的表现通过各种形式美的手法都能得到很好的表达，结合对作品动感表现的意题，艺术家都有侧重地突出自己的手法，如对称均衡、对比调和、节奏韵律、比例错视、色彩的运用、形体的设计、高科技的应用等手段。

图3-3-3 学生肖丹丹作品

如图3-3-4、3-3-5所示，广州大学学生实践设计作品，以各种不同的形式美手法进行动感美的塑造。

黑格尔曾说过："美是理念的感性显现。"从黑格尔的艺术辩证法看，美不是静止的、永恒的，而是发展的、变化的，在思维中是如此，在历史上也是如此。美是一个人在特定条件下对某个对象感觉到的一种感受，从这一点上看应具有主观性和直观性。所以，对于美的价值判断标准也是因人而异，因时代、环境等因素而异。

回顾漫长的历史，可以发现不同的时代人们对美的观点有所不同，某个时代大多数人认同的特有的形式和形态美，就形成时代特有的美的意识。换言之，生活在那一时代的人存在感性的共鸣。虽然美是个人具有的特性，但被多数人接受后才能成立，所以具有客观性。美具有对特定对象的志向性，当纯粹体验美的感受时，只需要从对象感受到印象和话语，不需要有实用性。并不是只有以动感美表现的主题才是好的作品，动感美的表现把握是点到为止，只可追求，不可无限度地张扬。就好比音乐中的动态音符，不是无限制地跳跃下去，而是具有对比、反差，以求达到动中有静而静中有动的艺术境界。

在立体裁剪技术中，对形式美法则的运用，应该敢于创新和突破，不断创造出令人意想不到的艺术效果，有时甚至需要违反形式美法则，以特别造型方法畸重或畸轻给予人们极端的艺术效果。

图3-3-4　学生陈金生作品

图3-3-5 学生陈仙花作品

思考练习题

运用形式美的设计手法，设计十个艺术创意服饰方案，其中三个方案需要写设计构思和创意理念，并绘画出平面图的前和后。

第四章 | 立体裁剪表达的
技术手法

立体裁剪的基础工艺手法包括标志线及设计辅助带的设置、人台的补正、备布、整理、针法、做记号、修型等阶段，在立体裁剪应用篇章中，主要学习时装设计各种造型的技术手法。

<h1 style="text-align:center">第一节　褶皱法</h1>

褶皱的表达和处理手段，是立体裁剪创意表达的重要手法，根据面料的质感和厚薄，对款式褶皱的造型手法进行最充分的表现。褶皱法的种类很丰富，从类别划分，可以分为规则式抽褶和随意式抽褶。这两种形式可再划分为放射式褶皱、折叠式褶皱和悬垂式褶皱。

一、规则式抽褶

把一段布料有规则地抽缩一起，使布料产生立体感。这种抽褶的方式，一般需要用手针对布料先作距离的固定，再把固定的线抽缩起来，调整至所需要的立体感觉。如图4-1-1、4-1-2所示，先用手针和线把要抽褶的部分作假缝，然后拉紧至所需的立体造型。

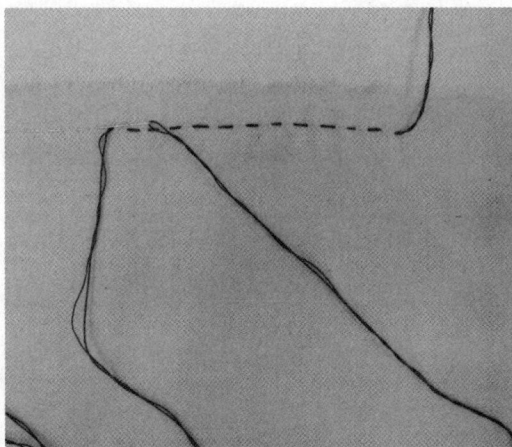
图4-1-1

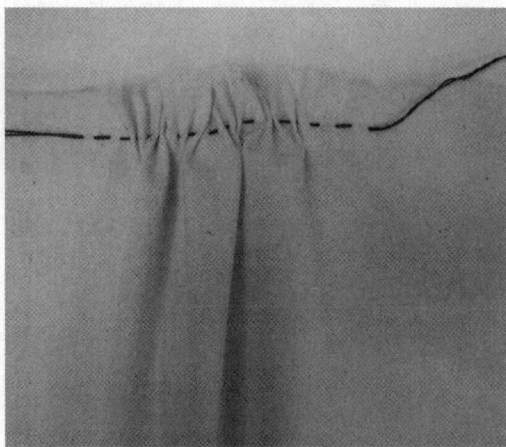
图4-1-2

从效果来说，这种手法抽褶的造型比较规则、褶的分布均匀。

也可以手工折叠褶，如图4-1-3、4-1-4所示。

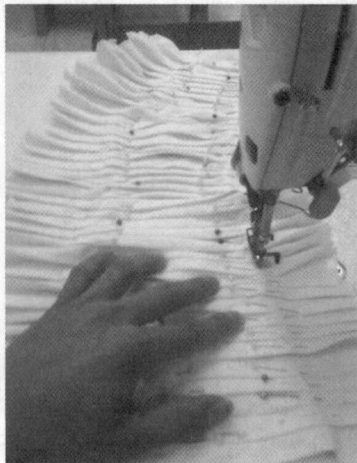

图4-1-3   图4-1-4

二、随意式抽褶

按照设计构思的感觉，随意性地抽褶，这种抽褶方式要注意边操作边固定，随时修改褶的缩褶量。如图4-1-5、4-1-6所示，这种手法的造型很随意，表现出自由和开放，褶皱也流畅自如。

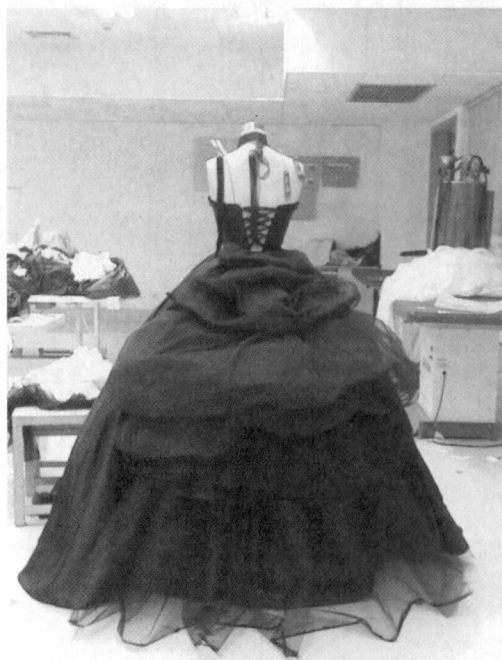

图4-1-5 学生苏瑞琪作品   图4-1-6 学生李美玉作品

在规则式和随意式抽褶的手法下，可以作多种褶皱造型，比较常用的有：

（一）放射式褶皱

把褶皱的造型向某一个方向集中，展示一种发散、放射的魅力。如图4-1-7、4-1-8所示。

图4-1-7 学生谢汝帮作品

图4-1-8 学生陈小玲作品

（二）折叠式褶皱

折叠式褶皱的种类很丰富，把布料用折叠的方式做出各种造型，产生不同的艺术效果。这需要设计师的智慧去操纵平面的布料，变为心中理想的艺术造型。在褶皱造型方法的创新设计中，最容易发现美、创造美，不同布料、不同手法，会产生不同的艺术效果，这必须通过实操去尝试及验证。

如图4-1-9、4-1-10所示，折叠式褶皱一般对面料有一定的策划操作才进行，怎样折，折成什么造型，这些都必须在实验检验中不断尝试。

图4-1-9 学生李丽云作品

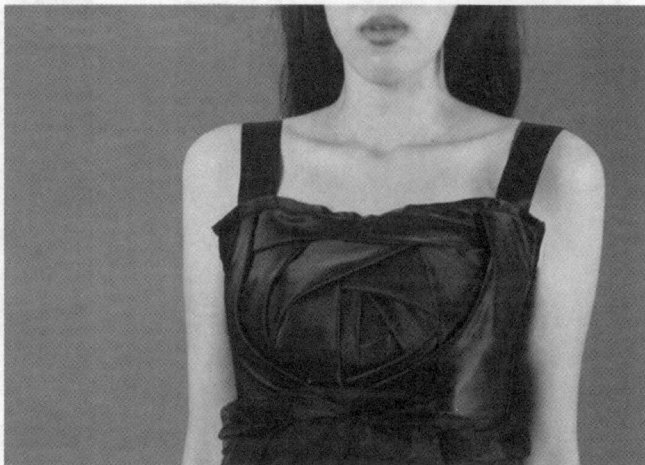

图4-1-10 学生税聪作品

折叠式造型是詹尼·范思哲擅长的手法，如图4-1-11、4-1-12所示，在詹尼·范思哲作品中不难看出他一流的造型设计。

图4-1-11　詹尼·范思哲作品

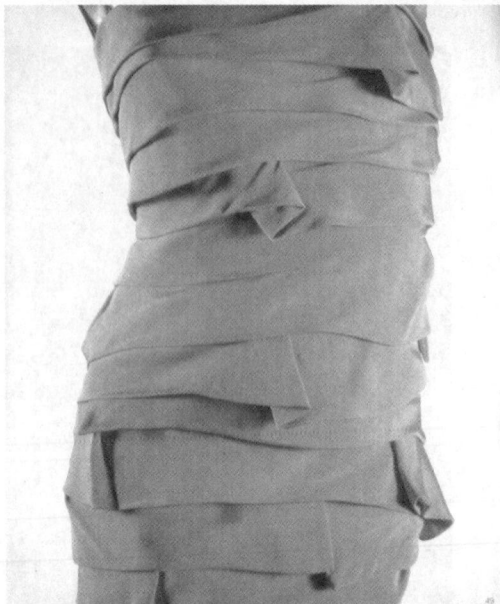

图4-1-12　詹尼·范思哲作品

（三）悬垂式褶皱

悬垂式褶皱的造型是指褶皱悬垂在服饰的某一个支点上，它可以是集中式，也可以是分散式，使用不同的布料纹向，会产生不同的造型效果。

一般而言，经向布料悬垂式褶皱比较规律和有节奏性，如图4-1-13、4-1-14所示。

图4-1-13　学生谢汝帮作品

图4-1-14　学生刘敏辉作品

斜向布料悬垂式褶皱柔软度及立体感的表现比较强烈，是设计师们常用的手法。在布料的整理中，要注意使用斜向，这是把握造型质量的关键。可以先用笔做好纹向记号，整理好布料。整理中，先把布料往反的方向拉复，再整烫至平整后，用标准45度斜向布料开料。

如图4-1-15、4-1-16所示，一组斜向布料悬垂式褶皱的造型突显出这种立体裁剪手法的魅力。

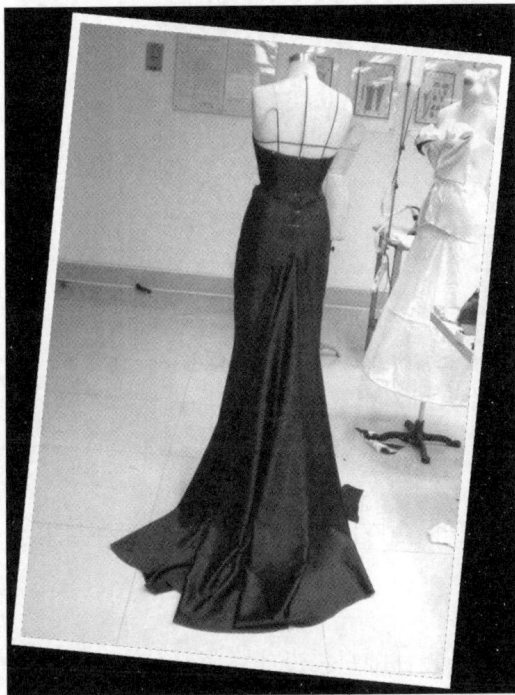

图4-1-15 学生洗韵莹作品

图4-1-16 学生黄惠清作品

在立体裁剪技术中，褶皱的手法更是根据设计师的创作意念即兴表达而产生出意想不到的艺术效果。因此，提倡设计师自我操作，学生的作品更是强调全部由自己亲手完成和制作。

第二节 编织法

编织法是立体裁剪技术应用很广泛的手法，编织的服饰是无法在平面打板中完成的，必须通过立体裁剪的方式去实现。因此，编织法在立体裁剪的学习中是一个重要的课题。

一、编织材料的选择

编织的材料和选择布料的纹向可以由设计师自行决定，不同材料编织出的效果当然

是有区别的。如图4-2-1、4-2-2所示，除了材料选择的不同，材料的编织前加工也可以有各种各样的方式和肌理效果。

图4-2-1　学生江玉莹作品

图4-2-2　学生梁穗莎作品

二、编织的方法

理论的编织手法有：横竖向编织、斜向编织。但是应用在创作中，在这两种基本手法的基础上，可以产生多种多样的编织手法。

（一）横竖向编织

编织的方法是以横竖向为主，条间的设计可由设计师自行设计，比如有一上一下，二上一下，或者是三上一下等形式，整体图形的结构是以横竖向为主。如图4-2-3、4-2-4所示。

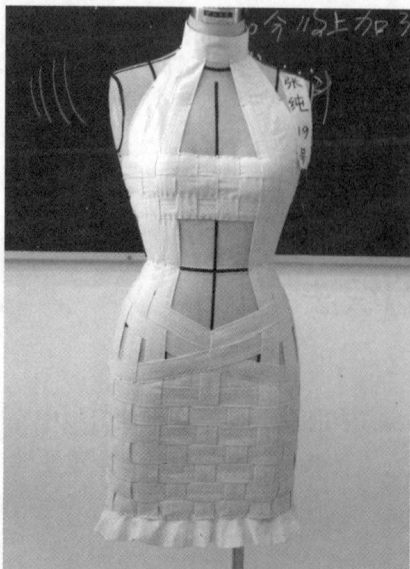

图4-2-3　学生张纯作品

图4-2-4　学生谈剑波作品

（二）斜向编织

编织的方法是以斜向为主，条间的设计灵活性更强、创作空间更大，除了条间宽度、造型、材料等因素的变化外，更精彩的是编织手法的创造性突破，这是设计师在操作过程中激情的表达和流露。如图4-2-5、4-2-6所示。

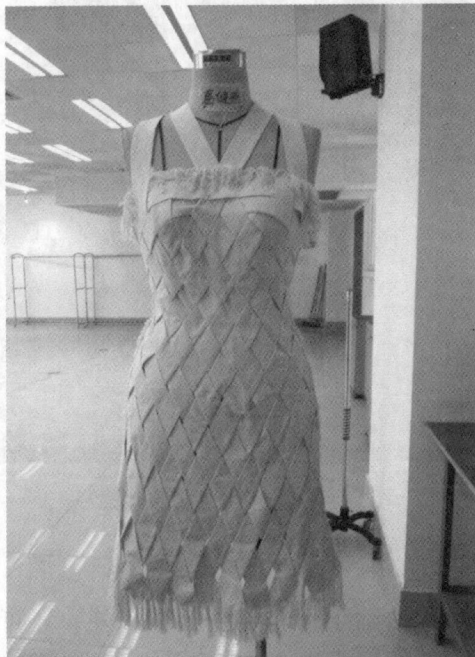

图4-2-5　学生葛健燕作品

图4-2-6　学生廖国媚作品

编织手法对于设计师来说自我创作空间很广阔，除了设计灵感外，还包括设计师的聪明和智慧，这些都是必须在积极参与创作的基础上不断成熟结晶的。

第三节　特别造型的制作

立体裁剪技术中，特别造型的制作是一个不可或缺的手段，通过各种方式方法，把柔软的面料做成一个理想的造型。在立体裁剪基础技术中，有面料的堆积、缠绕、支架等方法，随着科学水平的提高，制作方法也不断改变，造型越来越丰富。

一、堆积法

把平面柔软的面料堆积在一起，可作有规律的堆积或无规律的堆积。如图4-3-1、4-3-2所示。

图4-3-1　学生纪群作品

图4-3-2　学生李彩移作品

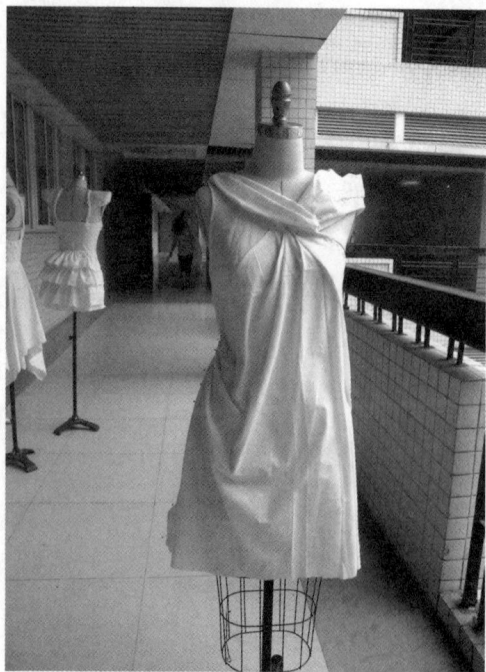

图4-3-3　学生秦笑金作品

堆积法除了面料自身的堆积外，还可以在堆积的基础上，加入适当的材料辅助造型，这样可以使造型更具稳定性。

二、缠绕法

缠绕法技术包括整块面料作缠绕，或者是整块面料缠绕成一个预先设计的造型，也包括了局部造型的缠绕。在东南亚、中东等地区，缠绕服饰是比较传统的服饰。

如图4-3-3所示，这是一块面料缠绕成的连衣裙。

如图4-3-4、4-3-5所示，这是一组局部的缠绕工艺，把面料缠绕成各种造型，缠绕的方法很随意，材料也就造型而随时更换和修改。

图4-3-4　学生付盼盼作品

图4-3-5　学生李维政作品

三、辅助造型法

采用支架辅助造型，是立体裁剪技术一个重要的造型方法，如大摆礼服裙、支撑式礼服等都需要支架的辅助才能达到所需要的造型。目前，相关的支架生产厂家对材料及造型的开发不断改进，可采用的材料也逐渐丰富。在传统的支架造型类型中，最常见的是婚纱下摆造型中的铁圈，铁圈的应用从单圈渐变到双圈、三圈，造型变化的可选择性增强。近年来，也渐趋使用软塑材料，可自行造型，这样为造型的多变提供了很好的辅助材料。

对于造型的方法，除了支架辅助外，还可以使用其他材料如纸、塑料、铁线等，方式方法更需要设计师利用自身的聪明才智去探索和总结。

如图4-3-6、4-3-7所示，用铁线作支架的造型辅助。

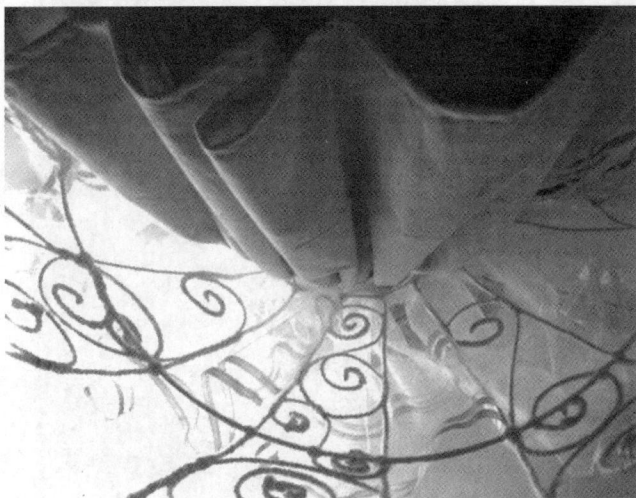

图4-3-6　学生刘嘉雯作品

图4-3-7　学生何王娣作品

如图4-3-8、4-3-9所示，用铁圈作支架的造型辅助。

图4-3-8　学生苏瑞琪作品

图4-3-9　学生罗宝作品

如图4-3-10、4-3-11所示，用硬纱作造型辅助。

图4-3-10　学生石璇作品

图4-3-11　学生石璇作品

如图4-3-12、4-3-13所示，用软塑作造型辅助。

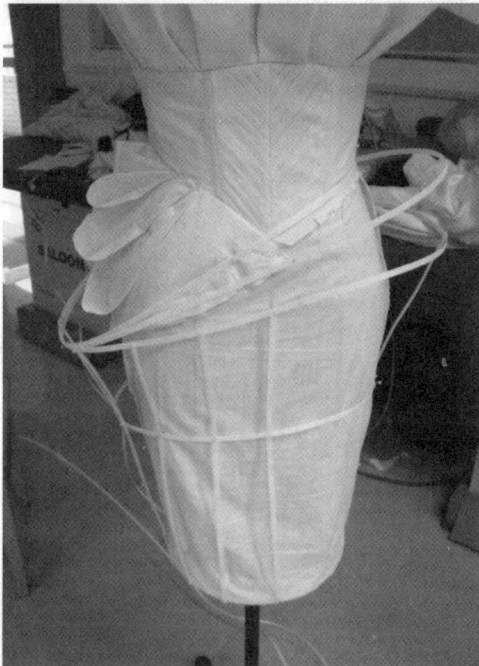

图4-3-12 学生李丽云作品

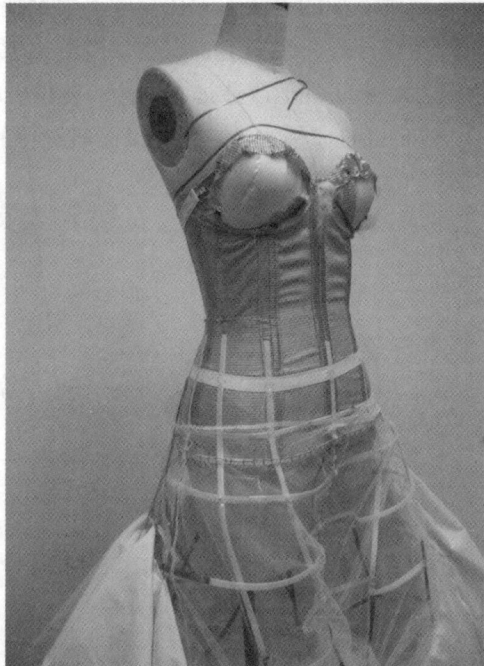

图4-3-13 学生谈剑波作品

第四节 材料应用的尝试

就立体裁剪使用的材料而言，人们自然会提及白胚布。当然，一直以来，人们大多数使用白胚布为主体材料作立体裁剪，定型后，再复制使用真正的面料。但是，由于服饰艺术的不断创新以及使用材料的广泛与新奇，使得白胚布不可能为这些材料作代替品，或者说是试制品，比如一些纸张、铁丝、塑料等材料，这些不可能用白胚布去代替。这样，只能用真实的材料进行直接的立体造型。因此，特殊材料的应用尝试是立体裁剪中创新手法实践的重要环节。在立体裁剪的学习及实践设计中，必须要多尝试、总结才能摸索到某种材料的造型特点，在参与实践设计中发现美、感受美。

一、面料的软加工

面料的软加工是指对面料的艺术处理或肌理效果的再加工。大多数世界著名设计师，把一部分的精力放在了对面料的软加工上，这样，既是独一无二，也是个性追求的最基础的资本。

詹尼·范思哲的时装作品十分明显地反映出他对面料的改造过程，一是在制造面料时进行直接改造，二是决定如何使用某种面料，然后根据技术、历史、地理、织物材

料、织物象征意义等因素，对不同元素进行替换、重叠、混合、换位等。如图4-4-1所示，他用极端的手法，"在真丝上覆聚酯涂层，使它看上去像塑料一样。但是这种错觉只停留在外观，事实上，织物保持着柔软性与温暖性，品质上乘。这是范思哲的最后一次创意，来实现他改造远古工艺、获得极端效果、忽视织物原有外观的任务"①。

如图4-4-2所示，自行扎染面料进行的立体裁剪艺术服饰设计。

图4-4-1　詹尼·范思哲作品

图4-4-2　学生王思颖作品

如图4-4-3、4-4-4所示，对面料作手工缀褶式的肌理设计。这种手工缀褶式工艺，其针法和样式非常丰富，是一个大的课题，针法的不同，造作的肌理效果和花纹样式千奇百异。

图4-4-3　学生陈金生作品

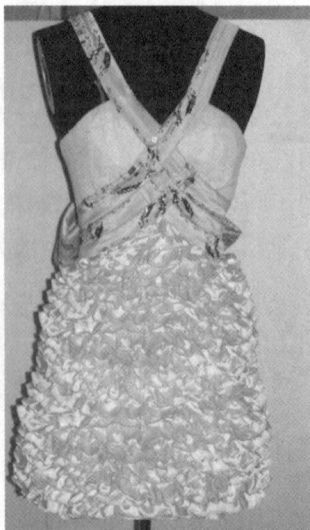

图4-4-4　学生付盼盼作品

①[英]克莱尔·威尔科克斯，瓦莱丽·门德斯，希阿娜·巴斯. 世界顶级时尚大师作品典藏——詹尼·范思哲. 王浙，方靖译. 上海：上海人民美术出版社，2005. 159.

在面料上直接植花纹或刺绣或作其他装饰性处理，也是面料软加工的一个手法。
如图4-4-5所示，在面料上用丙烯材料直接手绘画。

图4-4-5　胡大芬作品《舞蝶》

如图4-4-6、4-4-7所示，在面料上作装饰性的加工，其装饰手法很广泛，定位印花、刺绣、珠绣等。

图4-4-6　Christian Dior 2007《蝴蝶夫人》　　图4-4-7　Christian Dior 2007《蝴蝶夫人》

以面料的手工制作装饰物作为设计元素，直接植在作品中，使作品的装饰性更浓。如图4-4-8、4-4-9所示。

图4-4-8　学生陈金生作品

图4-4-9　学生黄丽玲作品

二、使用不同的材料

突破白胚布的约束，大胆采用布料以外的其他材料，增加造型的个性特色，是立体裁剪创新设计的一个重要方面，其使用的材料多样，工艺手法灵活多变。下面是一组以材料变化为特色的造型尝试练习。

如图4-4-10所示，以纸为材料进行的立体裁剪艺术服饰。

如图4-4-11所示，以塑料材料进行的立体裁剪艺术服饰。

图4-4-10　学生刘雪蕾作品

图4-4-11　学生张洪宇作品

如图4-4-12所示，以成品的织棉和工艺品进行的立体裁剪艺术服饰。

如图4-4-13所示，以麻绳、麻袋布进行的立体裁剪艺术服饰。

图4-4-12　学生冯丽虹作品　　　　　　　图4-4-13　学生彭新婷作品

高速发展的21世纪对立体裁剪手法的研究提出了更高、更精的要求，其应用面也逐渐变广。因此，设计师应该结合实践设计，不断总结经验，通过大量的社会实践创造出更新的设计语言。再华丽的理论背后，如果没有实践检验的支撑，也只能说是纸上谈兵、凭空想象。因此，实践是立体裁剪技术掌握和熟练的必要环节。

思考练习题

策划立体裁剪三个方案中的其中一个，要求制作出实物。

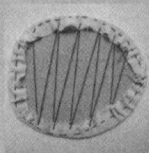

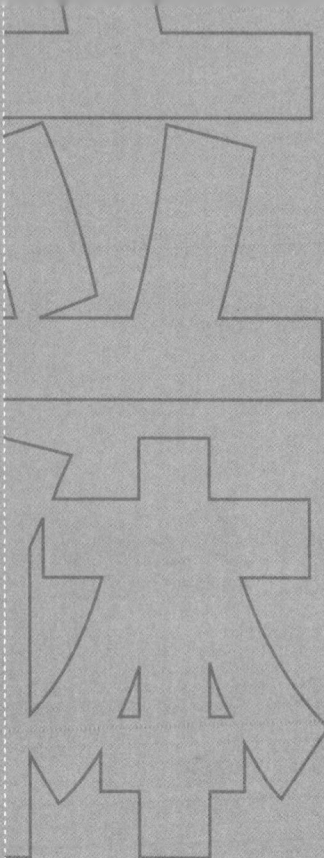

立体

裁剪

第五章　辅助设计手臂的制作

布手臂的用途是辅助袖子设计及整体造型设计，一些涉及手臂部分的预位相连的款式，单单从立体裁剪应用的角度来看，布手臂不太常用，设计师对布手臂的使用大部分用于检查立体裁剪袖子的效果及修改，使用的目的因设计而有所不同。因此，难以作为产品去大批生产、销售。从使用上来讲，布手臂大多数是设计师根据自身的需要而制作的。然而，作为立体裁剪师，还是很有必要学习布手臂的制作。

第一节　手臂的平面造型方法

在制作手臂前，先对模特尺寸有一个大概的认识，以便知道自己应该制作什么型号的手臂，配套什么型号的模特之用。

目前，从使用的模特生产地来看，设计师除了使用大陆生产的以外，还使用日本、台湾地区生产的模特。中国模特生产尺寸参照了日本工业标准协会制定的JIS标准，以及我国的统一型号标准尺寸。

女青年服装模特尺寸的参考数值：

型号	通用模特编号	胸围	腰围	臀围	手臂长	手臂根高	手腕围
153 / 76	5	81	60	87	55	10.5	14.5
155 / 82	7	84	62	89	56	11	15
158 / 85	9	87	64	91	57	11	15.5
160 / 88	11	90	66	93	58	11.5	16
162 / 91	13	93	68	95	59	11.5	16.5

布手臂并不是完全按照人体手臂的相同造型去制作，在前面已经表明了布手臂制作的作用，它并不会因为手臂制作的造型而影响袖子的美观与合体。由于人体手臂活动的需要，袖子的立体裁剪并不适宜完全紧身，但是，弹性面料如毛针织料，是可以完全作紧身设计的。因此，布手臂的制作只是参照人体实际造型尺寸，不可能完全相同和吻合。

布手臂制作要先对手臂造型作一个平面的策划，手臂结构的设计可根据实际需要进行调整和修改，可以把手臂的结构划分为二片组合，也可以划分为一片组合。一片的制作简单方便，美国的立体裁剪技术使用一片形式制作布手臂比较普及，日本以二片组合为多，二片组合比一片组合更加合体和造型流畅，但制作相对复杂一些。

布手臂造型的预结构图，如图5-1-1、5-1-2所示。

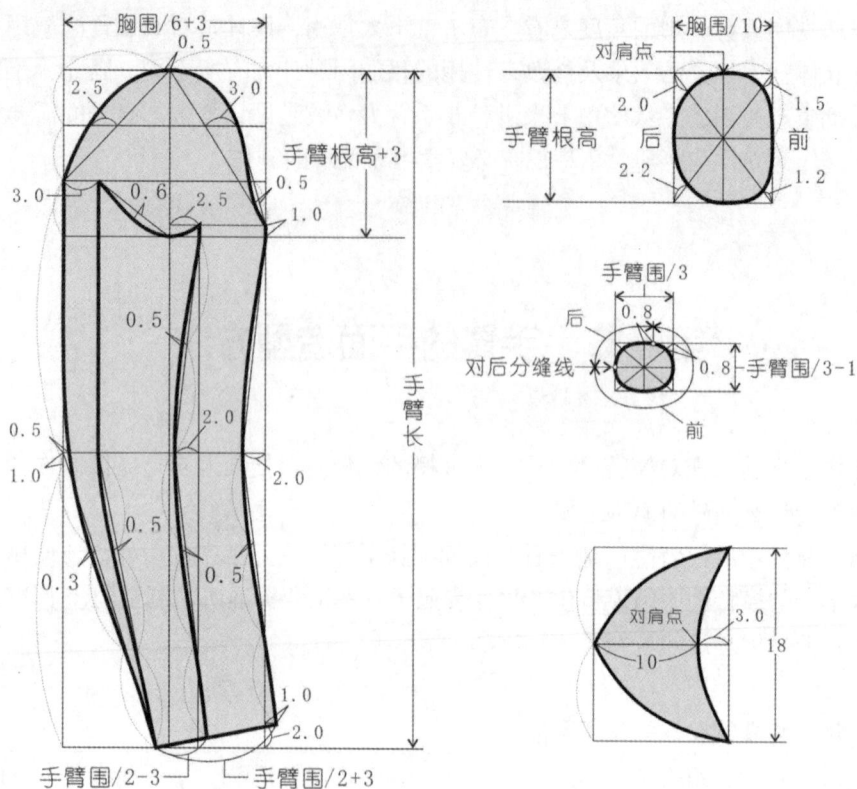

图5-1-1　手臂总结构图

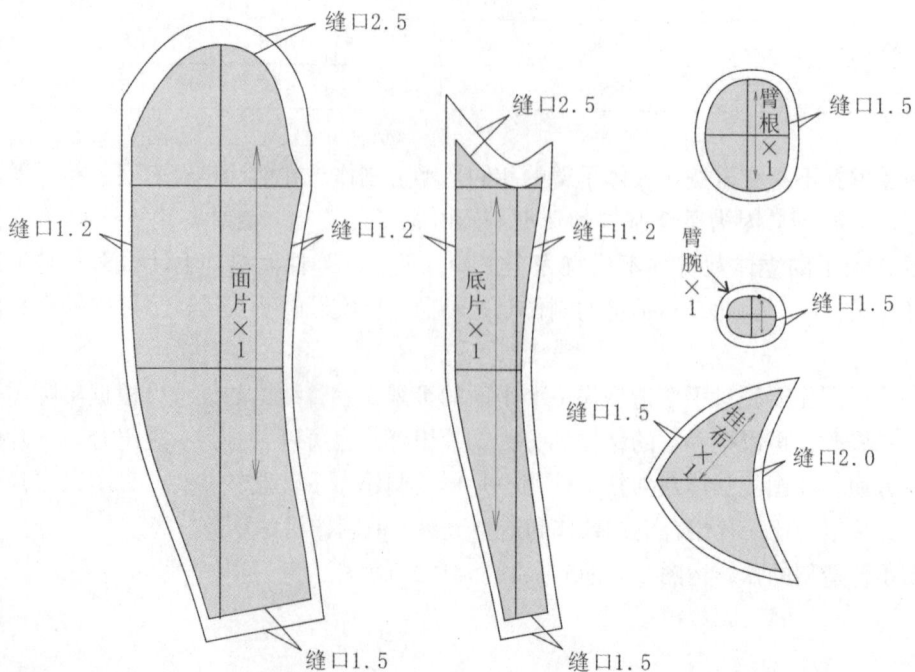

图5-1-2　手臂裁片加放缝口方法

手臂在立体裁剪中，大多数是用于检查整体造型之用。因此，可以以中码为准，做一至两只手臂（左、右）作为备用，不一定需要细致到与模特的码号对应。

第二节　手臂制作的材料及步骤

一、手臂制作所选择的材料

（1）布料：取中等厚度的白胚布，不要过软。

（2）棉花或腈纶棉：最佳选择是棉花，但造价比较高，初学者多采用腈纶棉，大约80cm。

（3）硬塑二块：按裁剪图一片是手臂根部挡板，一片是手臂底部挡板，也可以选择其他材料，但不能选择太软的材料。

（4）包手臂棉可以使用一块光滑的里料布。

二、制作步骤

（为了图示更清楚，制作线使用色线，实际操作时，缝合线一般使用配色线，标志线一般固定使用红色）

（1）裁样：按照裁剪图裁出手臂的裁片，注意画好各条结构线，图上虚线都要用色线作标志。不能用缝纫机缝制这些标志线，因为缝纫机走的线迹过紧，必须使用手缝平针法作这些标志线，如图5-2-1所示。

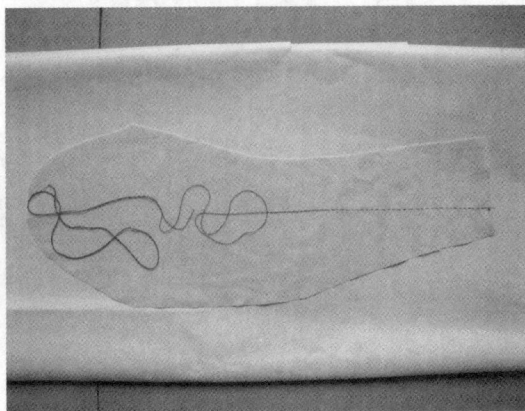

图5-2-1

（2）按照针包制作的方法，把手臂根部挡板和手臂底部挡板包缝好，手臂根部挡板和手臂底部挡板的操作方法相同，如图5-2-2所示。

（3）肩袖挂片的边缘可以先把缝口往内烫折，用人字手针固定，如图5-2-3所示。肩袖挂片与手臂根部挡板固定，注意肩点的对合，如图5-2-4、5-2-5所示。初学者要注意肩袖挂片的正反面，很容易搞错，在没固定前，最好是放在模特

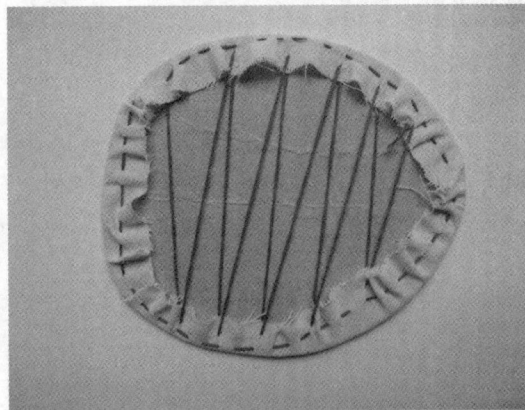

图5-2-2

上试一下，如图5-2-6所示。

图5-2-3

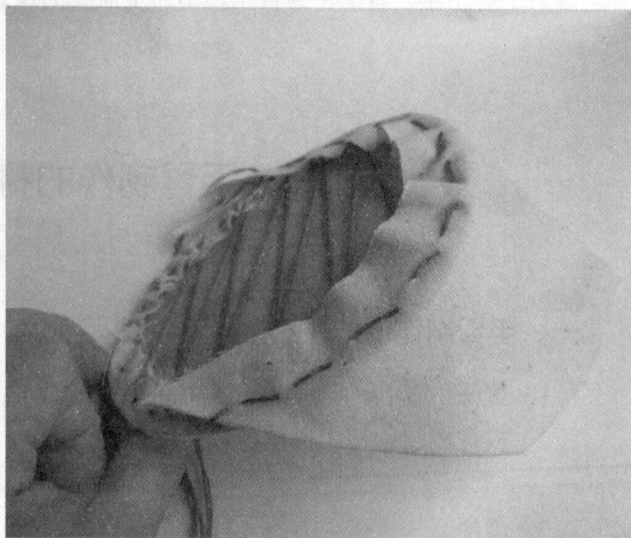

图5-2-4

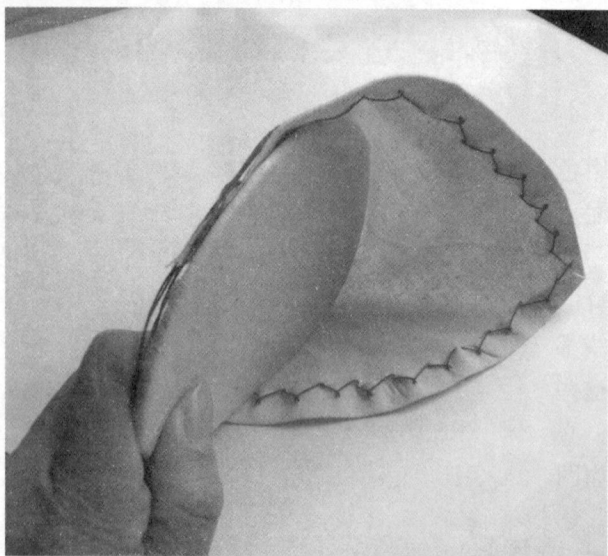

图5-2-5

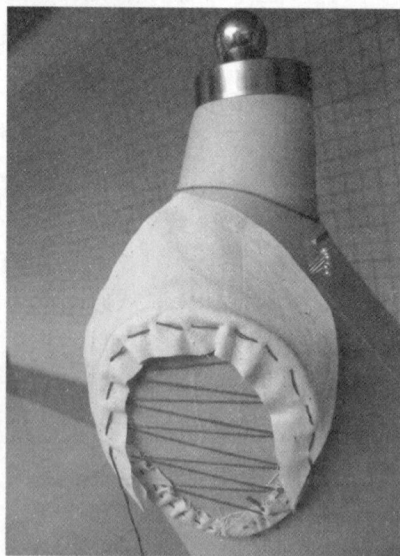

图5-2-6

（4）先对包棉里布的前臂缝作缝合，再在里布上铺棉，最好是用一块完整的棉，但大多数初学者用碎棉。注意铺棉要平整，斜缝针缝合里布的另一条缝，如图5-2-7、5-2-8、5-2-9所示，手臂根部及手臂底部的棉要用线稍作定型，如图5-2-10所示。

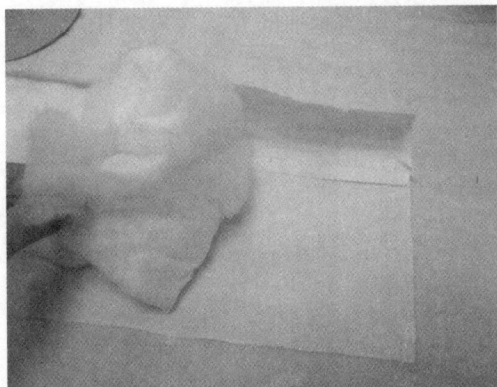

图5-2-7

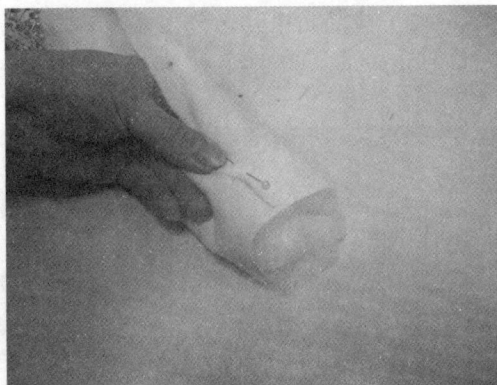

图5-2-8

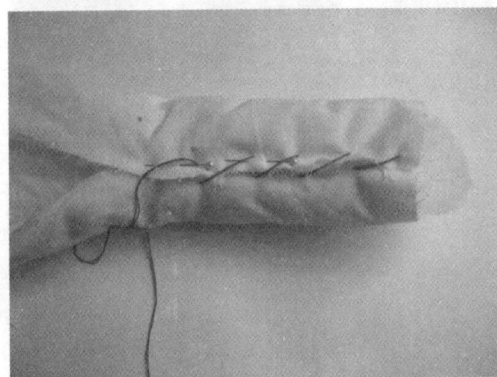

图5-2-9

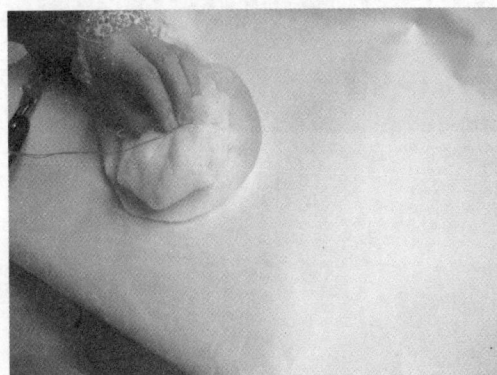

图5-2-10

（5）缝合手臂的两条缝线，注意对齐手肘线和手臂围线。

（6）缝线对缝线，把面布与包棉套入，如图5-2-11所示。

（7）潜针固定手臂根部与手臂底部，如图5-2-12所示。

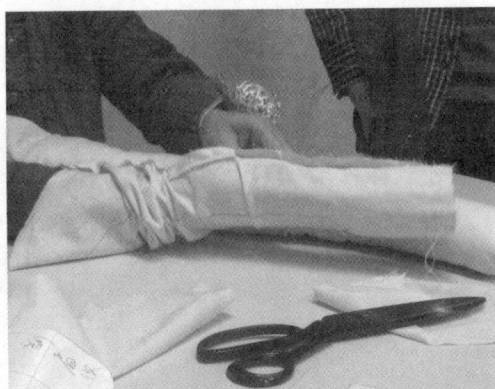

图5-2-11

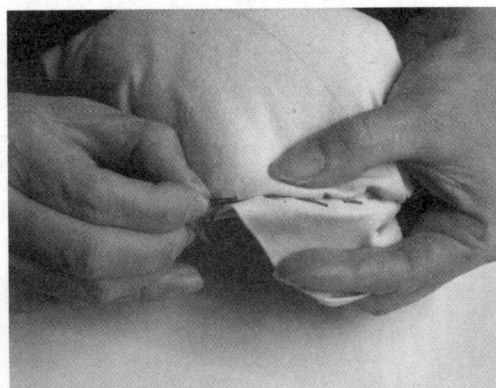

图5-2-12

（8）成品布手臂示范，如图5-2-13所示，也可以用插肩袖的方法做肩袖挂片，如图5-2-14所示。

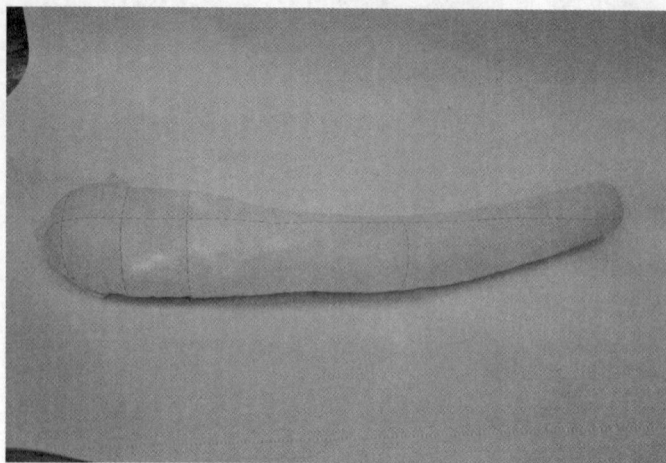

图5-2-13

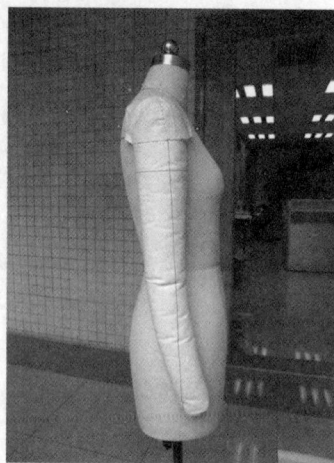

图5-2-14

立体

裁剪

第六章 服饰展示的审美特征

各门艺术都有自己存在的价值，有自己独特的审美特性，立体裁剪作品制作的策划必须从对服饰艺术特性的理解开始。服饰直接穿着在人体的身上，与人体动作结合而产生艺术的魅力是作品审美延伸的一个重要组成部分。近代德国哲学家叔本华更是由衷地惊叹："任何对象都不能像最美的人面和体态这样迅速地把我们带入纯粹的审美观照，一见就使我们充满了一种不可言喻的快感。"①伟大的雕塑家罗丹把人体看做是心灵的镜子："没有比人体的美更能激起富有感官的柔情了，在他们塑造的形象上，飘荡着一种沉醉的神往。"②正因为人体具有这样巨大的审美价值，有人说，服饰设计是软雕塑、移动的雕塑；也有人说，服饰设计是舞蹈艺术和平面设计艺术的综合；也有人说服饰设计是环境设计与雕塑艺术的综合……因此，立体裁剪技术的研究与学习，有必要从理解服饰展示独特的审美开始，它对引导和更新设计手法及语言有着十分重要的作用。

第一节　服饰艺术特征的剖析

服饰艺术审美特性的研究，应该从分析其艺术特征开始。

目前对艺术特征分类，一般从表现的手段和方式上划分为时间艺术（音乐）、空间艺术（绘画、雕塑、建筑）和综合艺术三大类。雕塑、绘画都只具有空间性，这种排除了时间因素的静止的纯粹空间形式是雕塑和绘画艺术的特征。而音乐则以排除空间因素的运动的纯粹时间性为特征。

服饰艺术与雕塑、绘画一样，也是占空间的物质材料制造美的具体的空间形式，这样看来服饰艺术似乎应该属于空间艺术的范围。但是，服饰艺术与一般空间艺术仍有差别，这种差别取决于它们和生活中的人的关系。雕塑、绘画从创作到作品完成，与它所刻画的生活中的人，由合而分，具有由具体向抽象转化的特点。服饰艺术则是由于从创作到作品完成与生活中的人的关系是由分而合，因而具有由抽象向具体转化的特点。服饰艺术和活动的人体不能割裂来看待，而且服饰艺术从创作的构思时起就考虑着运动的因素，如果只看到服装的造型和色彩、材料和工艺，就不能全面显现服饰艺术的特征。设计构思要延伸到造型、色彩、材料、工艺的组合后所产生的整体效果美，甚至是运动中与人体动作交互所产生的动态美。随机性当然就是服饰艺术运动中所闪现出来的、意想不到的美，以及一种具有无穷艺术魅力的飘逸美，这也正如马克思在《政治经济学批判·导言》中所说："一件衣服由于穿的行为才现实地成为衣服。"③

---

①北京大学哲学系美学教研室. 西方美学家论美和美感. 北京：商务印书馆，1980. 16.

②[法]罗丹口述，葛赛尔记. 罗丹艺术论. 沈琪译. 北京：人民美术出版社，1978. 32.

③中共中央马克思列宁恩格斯斯大林著作编译局. 马克思恩格斯选集（第2卷上）. 北京：人民出版社，1972. 94.

服饰穿着在人身上展示审美价值，由于人体的运动，又使它具有音乐动感，在运动中展示服饰美的旋律和节奏。《罗丹艺术论》中说："罗丹请模特儿在他的工作室裸体活动，经常供给他以生命的全部自由来活动的裸体意象，他的眼睛追踪着他的模特——他默不作声地品味着体现在他们身上的生命的美。"[1]服饰艺术的美也同样需要这种运动中的生命力，运动美被人们认为是静态美、更高的美。

服饰在人体运动中展示其艺术性，并用适合于人体的物质产品改善人体形状。服饰要和活动的人体合而为一，必然是在人体的运动中展示出艺术的观赏价值，这种运动是不能由设计师规定的。服饰艺术具有空间性，但不同于空间艺术；它又有时间性，但也不同于时间艺术。因此，对服饰艺术的审美特性可以这样概括：服饰艺术是美化人体的综合艺术，随机性也就成为观赏服饰艺术的一个特点。

随机是概率论的基本概念之一，而随机性从理论上去理解，是在相同的条件下可能发生，也可能不发生。随机性在服饰设计艺术中，表现为一种偶然的，具有不可预测性，所产生的美感不稳定也不可重复，它是独特的、惊讶的，因此，服饰艺术的随机性应该是服装设计师有意追求而无法把握的动感美。

第二节 随机性在时装艺术中的表现

紧紧地抓住服饰艺术这个特性，力求在人体运动时间中展示其艺术特色，使人们在心理上产生新的享受。如近年来流行的长装连衣裙、松身飘逸的珠片时装等款式，穿在走动的模特儿身上，产生出那种光幻无穷、若隐若现、雍容华贵的意境。在这种以动态打破空间和因瞬间千变万化的色彩图案而连续的时间中，人们快速地组织着自我的心理时空，追求着新的审美观。

长丝巾、飘动轻柔的风衣，就像音乐一样在流动，人们在随着时间连续的运动中观赏，如果说"阿玛尼"式职业套装塑造女性成熟美、端庄美，那么，"VERSACE"（詹尼·范思哲）更是塑造女性动感美、飘逸美。独具一格的图案、色彩以及款式造型的整体设计，使"VERSACE"的作品富有惊人的动感魅力。这种把人体动作、面料图案、色彩造型有机融合在一起所表现的动感美，给人以青春、激情、向上、对生活无限追求的动力，是性感美和动态美的充分表现，是潇洒、具有强烈个性魅力的充分表现。如图6-2-1、6-2-2所示。

在电影《英雄》的服饰设计中，设计师抓住色彩和随机动态的效果，在吊钢丝的武打、鼓风机效果中，使服饰与整体画面相互对比、融合，产生了很美的艺术气氛，表现出静中有动，动中有静的艺术境界。平静的湖面上，"残剑"一身湖蓝色的长袍，与他

---

[1] [法]罗丹口述，葛赛尔记. 罗丹艺术论. 沈琪译. 北京：人民美术出版社，1978. 16.

图6-2-1　詹尼·范思哲作品

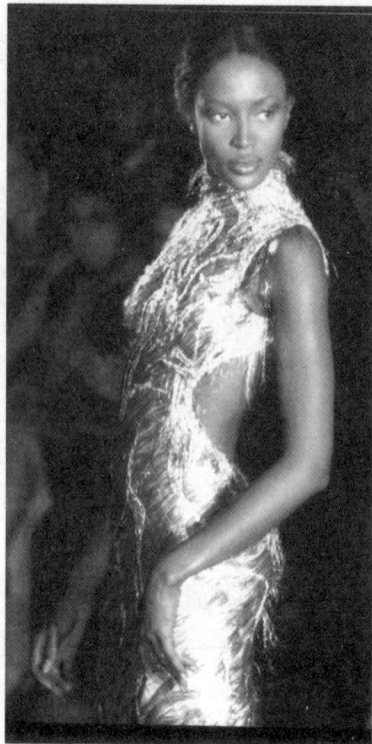

图6-2-2　詹尼·范思哲作品

对峙的是身穿墨蓝色罗衣的"无名"，两人在湖面上跃起，水花、服饰、动作共同产生了一种飘逸的美。如图6-2-3、6-2-4所示，电影《英雄》"残剑"与"飞雪"服饰图选。

图6-2-3　和田惠美作品

图6-2-4　和田惠美作品

　　如图6-2-5、6-2-6所示，第八届全国大学生运动会开幕式的服装设计《邀请世界》，服饰通过人体动作的变化而产生美感，并通过演员动作的不断变化，挥动手中的翅膀色块，造就色彩的海洋，渲染气氛。

图6-2-5　第八届全国大学生运动会开幕式服装设计《邀请世界》

图6-2-6　第八届全国大学生运动会开幕式服装设计《邀请世界》现场

　　端庄的职业套装可以加入动感的因素，并通过这种随机的动态美感打破整体造型的严肃与寂寞，注入静态中可动的视点，随机所产生的动感美是那么的神秘和随意。运动的人体美稍纵即逝、飘来忽去，由一系列动作组成。在这一系列动作中，并非每一个动作都具有审美价值，所以运动中的服饰美是人们在比较中经过筛选、积淀，把一系列印象综合为整体的结果。当然，如果设计师从一开始就在运动形态下考虑服饰作品，所寄予产生的动态效果说不定在运动中恰恰不能如意地表现出来，如果它不是一种美态，而是破坏造型的多余视线，这时候你的设计就是失败的。

　　要想使一件作品富有运动感，只有当作品的所有细节部分的运动与整个构思的运动严格一致时才有可能。任何一件艺术品，都是围绕着一个主要的运动旋律组织起来的，而其余的活动则以此为基础向周围的各个角落发射，就像血液从主动脉向各个小毛细血管流动一样。在高一级水平上建立，始终由低一级的活动去履行，即使同一个水平的诸成分也必须协调。当然，在整体设计中，包括使用材料、配色等也必须协调一致。

　　因此，随机性的把握具有相当的不稳定性，这一点，是设计师必须注意到的。蕴含在服饰设计中的动感更是以随机性的变化和运动中的人体来表现，在服饰与人体合而为一中，服饰的动感美也因此得以充分的展示。这样的话，服饰艺术比任何的空间艺术与时间艺术更有展现的机会。

思考练习题

　　结合人体动态的表达，定稿的三个方案绘画出效果图，动作表达每个款式出两个动作。

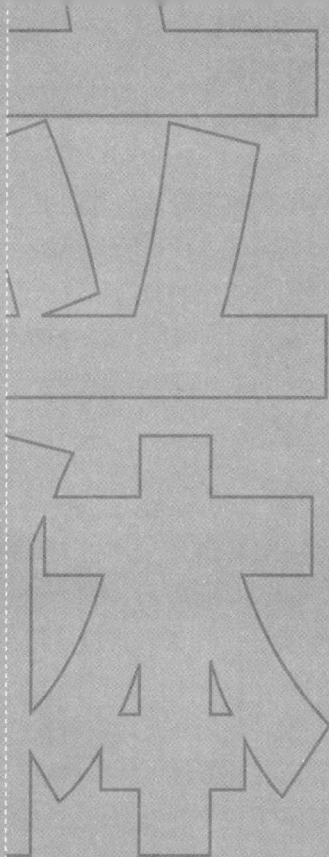

第七章　**世界名作成功的
实践探索**

在立体裁剪技术表达的方式上，不少世界著名的设计大师也在不断地探索，不断创造新的动感语意去表现自己的作品。当今的设计师不单是停留在追求长、宽、高三维空间上，还延伸至动作与服饰结合所产生的随机美，装饰、道具与服饰结合所产生的随机美，结构、工艺、面料结合所产生的随机美。

第一节　动感美时装的魅力

设计手法、设计语言、设计风格是艺术作品在整体上呈现的具有代表性的独特面貌。不同的时代有着不同的风格，而设计手法、设计语言的创新，无不与社会的科技发展及各门艺术种类的相互影响有着密切的关联。从20世纪现代时装的开端以来，时装设计日新月异、变化万端，逐步摆脱了各种模式化的束缚，呈现多样化的走向。动感风格时装更是尽显个性化的魅力，在每一个时代总是处于引领的地位，带动着时代的更新与发展。

动感美——时装设计永恒的话题，动感语言的表现，在时装发展史上，留下了一件件佳作，动感美时装的塑造手法和表达方式也随着社会的发展而不断改变。

图7-1-1　让·巴铎（Jean Patou）作品

20世纪初，古典服装不断被废除，由于社会的巨大变革，女性对自己身体从束缚型的服装中解放出来的强烈要求，以及第一次世界大战前后妇女参加社会生活的潮流促成了时装的发展，导致了服装的重要改革。

让·巴铎（Jean Patou）是法国早期重要的时装设计师，他的成功设计主要是以运动为主题，追求妇女解放自己、解放身体。他的设计具有非常重要的作用和意义，早期追求动感时装的手法和方式，旨在从款式设计上摆脱烦琐结构方式，以解放身体为主体目标。"让·巴铎擅长于具有民族风格的刺绣设计，特别是具有当时流行的'新艺术'运动风格的形式，再加上强烈的色彩，这些动机使他的设计一开始就吸引了不少人的注意和青睐。"[1]最为著名是的他为当时网球名

---

[1] 王受之. 世界时装史. 北京：中国青年出版社，2002. 44.

将苏珊·兰利设计的网球运动服，如图7-1-1
所示，那白色丝质的打褶裙、白色的开襟羊毛
衫和后来流行的白色头带，直至现在都依然有
不少网球手在重大的国际赛场上使用，成为动
感时装设计的开端。

　　早期动感时装的表现手法一般以时装面料
上图案花纹的表现为主，强烈的色彩、夸张的
图案，比如著名的"巴铎蓝"和他设计的"黑
大丽花"图案，在当时都非常时髦和流行。

　　20世纪40年代末，法国设计师迪奥
（Dior），以一系列动感时装"花冠线条"震
惊世界，如图7-1-2所示，迪奥的花冠线条被
形容为"消除战争、毁灭不幸的中流砥柱。
他的作品是叙述未来、爱情和祭典的象征"。
"这个孕育着梦、爱和乡愁的新风貌，扫除了
开战以来即被冻结的旧有线条。"[①]整个系列
的特色强调流畅的线条、动感的活力，每件衣
服都以胸罩调整胸型，并系上腰带，配合紧身

图7-1-2　迪奥作品

衣，套上选用垫臀、衬裙来支撑的长白褶裙或下摆敞开如花冠的长裙。这就是服装史上
著名的"新风貌"时装，这是第二次世界大战结束后最重要的设计，受它的影响，整个
世界的时装设计走上了完全不同的发展方向，是时装发展史上的里程碑。

　　20世纪四五十年代，设计师开始注意到剪裁的重要性，动感服饰的表达多突出在
剪裁及工艺上的创新，特别注重各式褶的设计而产生的美态，塑造动感美的时装层出不
穷。

　　玛丽·匡特（Mary Quant）是20世纪60年代最具有典型意义的时装设计师，她的
名字和她的设计将永远载入时装设计的史册。"她的贡献在于她设计了全世界第一条
超短裙，创造了剪成几何形状的发型，使用了灿烂的色彩，并且设计了有图案的连裤
袜。"[②]

　　如图7-1-3所示，迷你裙是20世纪60年代的精神，表现出一种青春活力及动感。

　　玛丽·匡特1958年问世的无袖短裙，被命名为"裥裙"，其特点在于裙部的一排顺
风裥和胸前的两个贴袋以及低腰线。1960年设计的"美人裙"，其特点是裙摆前方暗裥
和顺裥相结合。1960年设计的"哈里逊裙"，其款式如同一件超长的开衫式背心，两只
嵌袋位置特别低，"超短风貌"，体现了青春的朝气和波希米亚化的精神。[③]

---

①南静子. 巴黎近代服装史. 台湾：艺风堂出版社，1979. 10.

②王受之. 世界时装史. 北京：中国青年出版社，2002. 134.

③包铭新. 世界名师时装鉴赏辞典. 上海：交通大学出版社，1999. 209.

图7-1-3　60年代迷你裙

1965年，她将女套衫加长六英寸成连衫裙，造成轰动一时的"迷你风貌"，震惊世界时装界。成为了超短裙的创始人，她的创造完全征服了60年代的青少年，她所设计的"热裤"、裤装、低挂到屁股上的腰带等，成为60年代的象征。1966年，玛丽·匡特获得"不列颠帝国勋章"的殊荣，她所塑造的青春活力、动感魅力整整影响了世界十年，她对社会变革，尤其是对传统服装的挑战和观念的更新所作出的贡献已超出了设计师的使命，成为服装设计史上又一里程碑。

20世纪60年代，动感美的塑造的着眼点是在长短比例上的更新，通过长短对比，特别是裥的加入、附属品的开发，长丝袜、靴子、热裤、太阳镜……开始丰富了动感美塑造的语言。

佳作数不尽，动感美时装的塑造在每一个时代，总是走在人们视线的前列，带动着社会潮流，左右人们的审美，随着社会科技的发展，设计师也不断地更新着设计语言。从最初的工艺、裁剪的创新，到长度、观念的创新，再到材料的创造等，动感美时装的塑造至今还是设计师们不断追求和共同探讨的话题，力求用不同的手法创造出新的审美。

第二节　三宅一生设计思想的精华

有服装设计界哲人之尊的现代日本著名服装设计师三宅一生（Issey Miyake），他的设计风格极具创造力，似乎一直独立于欧美的高级时装之外，他的设计思想几乎可以与整个西方服装设计界相抗衡。他擅长立体主义设计，极着重捕捉时装刹那间的动感美，设计素材不拘一格，外观造型自由奔放。他的作品常常来自未知的源泉，带有浓厚的神秘色彩。巴黎装饰艺术博物馆馆长戴斯德兰里斯称三宅一生为"我们这个时代中最伟大的服装创造家"。

通过立体裁剪技术塑造动感美是三宅一生设计灵魂的显著标志。

他的设计风格特别强调面料、造型与人体动态的关系，如图7-2-1、7-2-2所示，为了使设计思想充分体现作品的动感活力，模特儿全程参与设计的重任，最大限度地表现作品的动感美。三宅一生在作品从构思萌芽开始，就将模特儿的动态展示、化妆设计等因素考虑进去，组成作品不可分割的一部分。将模特儿的举手投足、脸部表情都与作品

图7-2-1　三宅一生作品　　　　　　　　　图7-2-2　三宅一生作品

融为一体，最大限度地展示服饰软雕塑的艺术魅力。

　　三宅一生的设计摆脱了以往的设计成规，向传统观念挑战，因此，欲了解或穿着他的作品者必须建立不同的标准。三宅一生也承认这一点，他说："我知道有许多人抵制或排斥我的服装，因为我的服装不像欧洲时装是个现成的包裹，我的服装里预留着让穿着者自行发挥的想象空间，起初要接受它也许有困难，是需要鼓励才会去尝试的，但是一旦穿着者抓住了诀窍，就会深深地喜爱它。"①

　　三宅一生设计思想的闪光点，最为耀眼的是服饰作品动感美的全方位展现，紧紧抓住了人体动态运动的瞬间，表现服饰作品的随机美、意想不到的动态美。因为人体动态的改变而使作品产生不同的艺术效果，欣赏者在变化无穷的动态转换中感受到作品的艺术魅力，以动态打破空间，从而有助于人们快速地追求着新的审美观。

　　"一生褶"充满了传奇般的魅力，是三宅一生的经典之作，宽大连衣裙上的细密褶裥，随身体的起伏而流动起来，展现出流畅性感的线条美、动态美，魅惑无边。这更是三宅一生设计思想的显赫标志，是三宅一生对服饰动感美表达的升华，如图7-2-3、7-2-4所示，他的设计思想紧紧抓住了动感主题，突出表现一种节奏、一种韵律、一种和谐的动感美。

①陈美芳，李少华．国际杰出服装设计师专辑．台湾：艺风堂出版社，1988．146．

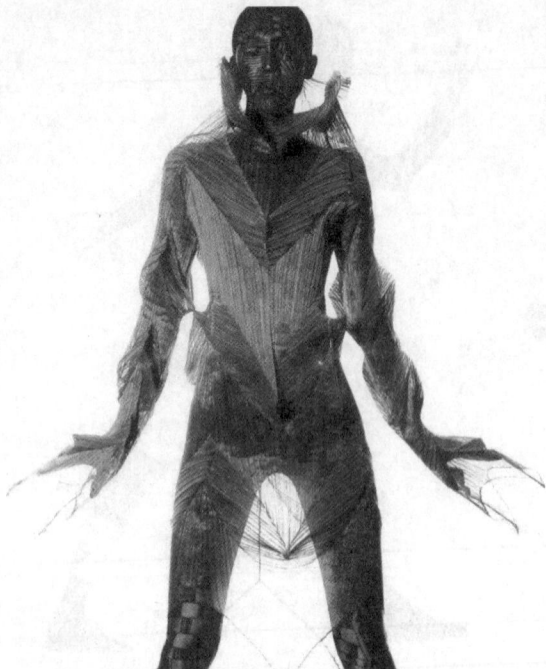

图7-2-3　三宅一生作品　　　　　　　　　　　　　　　图7-2-4　三宅一生作品

　　虽然不能说三宅一生是褶皱的创始者，但是他的褶皱肯定是最为独特和最出名的。从1989年他的有褶皱的衣服正式推出与顾客见面的时候起，三宅一生的名字和他衣服上的褶皱就连在一起了。运用褶皱表现他的个性，是他的出发点之一。"在巴黎，我不想模仿任何人，我只想做我自己。"在以运用褶皱为设计特色的前辈设计师VIONNET的风格中，他找到了设计语言并加以发扬光大。另一个出发点是他希望自己设计的服装像人体的第二层皮肤一样舒适、服帖。褶皱也能够很好地完成这个任务，它能给穿衣人足够的活动空间，也能给他们充分展示自己体态的机会。

　　三宅一生很好地解决了东方的服装注重给人留出空间和西方式的严谨结构之间协调的问题，在看似完成度不高的服装中，顾客为自己找到了完美的解决方案。所以三宅一生的褶皱服装是通过顾客的穿着行为最后完成造型任务的。他的褶皱方案是永久性的，在整理阶段就以高科技的处理手段完成褶皱的形状，并且不会变形。同时，他也用完美的色彩感觉给他的服饰以商标式的外观。在谈到他自己创立的这种风格的时候，三宅一生说："那是个实验，也是个冒险。"幸运的是，"我要褶皱"系列把他的事业引向一个新的台阶。①

　　三宅一生的名言是"衣服穿在外面，但必须用心去体会"。从中可以看到他理想主义、乐天派和充满挑战的个性，他设计的服装形态差异很大，但总是充满个性的灵光，带着无拘无束的解放感，他的作品更是强调穿着者自我发挥的运动空间，千姿百态的动

──────────

①本段引用网址：http：//guide.ppsj.com.cn/art/3926/14125463/.

态风格。三宅一生具有艺术家的精神与气质，他将服装中的艺术性与人体动态美最大限度地发掘出来，是一种代表着未来服饰动感表现崭新设计风格的前卫设计师，他用新的动感表达语言予以服饰设计新的生命。

第三节　设计手法的综合运用

　　层出不穷的设计语言，设计师们发挥想象力，结合高科技的发展，近年来，在立体裁剪设计应用上创造出新的语言和表达方式。材料的更新、手法的新奇、展示的创新、审美方式的提高……立体裁剪的手法更是多样化。

一、动作参与造型的表达

　　以动作的刹那间表现服饰随机美，在近年来的设计作品中常被采用。对服饰设计的动感表现，不仅停留在三维空间上，更多的设计师把眼光放到了随机美的表现方式上，在人体变幻无穷的动作中，产生的随机美，是一种若隐若现、一种猜测，一种就连设计师自己也意想不到的美感。

　　如图7-3-1所示，这张作品是被誉为"意大利浪漫主义时装天王"的著名艺术设计师瓦伦蒂诺（Valentino Garavani）的作品。设计师把材质融入造型设计中，整体设计突出表现时装与动态结合的动感美，我们可以从模特儿在舞台展示中款款移步来领悟瓦伦蒂诺倾注于作品中的生命力——随机中的动感美，单肩吊带式自然线条的造型，中明度中纯度灰褐色与粉金色的搭配，半透明雪纺与网状蕾丝面料的对比，鹤顶状毛冠配以金色枝叶头饰，透明金褐

图7-3-1　瓦伦蒂诺作品

色自然型化妆，通过瓦伦蒂诺排列组合，产生了神奇的美感。设计师充分利用了造型与材质的结合，你中有我、我中有你的设计手法，达到了静态中的形式和谐。动态中于动作、举手投足间全面展示服装之美感，"瓦伦蒂诺继前身单肩吊带缩皱处理之后，使之于背后放泻而下，一收一放的对比在人体行动时翩飞浮展，成为另一个变幻无穷的体面空间，浪漫而富有诗意"，[1]在塑造动感随机美的表现作了成功的探索。

---

[1]刘晓刚等. 服装设计大师作品. 上海：中国纺织大学出版社，2000. 92.

二、环境参与造型的表达

借用服饰设计、环境、道具、装饰等多种因素相互动塑造的动感美，也是设计师不断探索的。表现除了动作、作品中设计元素外，还与各种元素结合，产生动感美的共鸣。美学大师朱光潜先生说："节奏主要见于声音，但也不限于声音，形体长短大小粗细相错综，颜色深浅浓郁淡和不同调质相错综，也都可以见出规律和节奏。"由节奏而组成的韵律，自然也不限于声音，时装设计更是可以通过服饰、环境、道具、装饰等多种因素的互动去追求韵律的动感美。

图7-3-2 伊夫·圣·洛朗作品

如图7-3-2所示，这一款婚礼服是法国著名设计大师伊夫·圣·洛朗（Yves Saint Laurent）的作品，通过款式、色彩、面料与动作的结合，表现鲜明的设计主题——一群蝴蝶在花丛中飞舞，这群飞舞的蝴蝶色彩由黄到淡绿再到淡蓝再到深蓝，色相上的渐变关系，赤、橙、黄、绿、青、蓝、紫，可谓施尽了色彩的"铅华"。但给人的色彩感觉是浓艳而不俗气，丰富而不杂乱，产生了色彩秩序的韵律动美感，五彩缤纷的花丛和蝴蝶，与人体动作很好地结合起来，渲染出一幅蝴蝶在万花丛中嬉戏飞舞的热闹场面。在动感语意的表达上，不仅是对服饰的塑造，同时还把外加的设计装饰因素放进画面中，模特儿手持花束、头戴花环、发系蝴蝶，对大自然主题起到了强烈的烘托作用。设计师采用了金色的蝴蝶耳饰、多面体的耳坠折射出花卉的各种颜色，在柔弱飞动的蝴蝶背后，加入金属架的镜子为背景，简洁硬朗的线条与繁花似锦的大自然形成鲜明的对比，将服饰、人体动态、装饰、背景衬托很好地结合起来，通过服饰作品把大自然表现得如此秀美。①

三、结构理念的更新参与造型的表达

多种手段塑造服饰动感美，也是近年来设计师不断追求的。英国美学家克莱夫·贝尔说："每一件杰作中，以特殊方式组合的线条与色彩，以及一定的形式和形式的关系，唤起了我们的美感。这些关系和线条与色彩的组合，这些动人的艺术形式，我称之为有意味的形式。"许多服饰设计师用不同的方式试图表现服饰的动感美，如材料的变化、工艺的新奇等追求着新的动感语意。

①刘晓刚等. 服装设计大师作品. 上海：中国纺织大学出版社，2000. 88.

利用结构表现动感，如图7-3-3所示，这是出自于法国设计师拉法艾拉·克瑞尔（Raffaella Curiel）之手的作品，是一件源自于中国旗袍本体款式，结合西方审美趣味及西方服装裁剪制作技术，使观众将"舶来"的异民族味道自觉转向易被接纳的审美共识之中。在中式旗袍的基础上，设计师别出心裁地加上了形为蝶翼的袖子，它不是普通意义的袖子，而是将披风与长喇叭袖组合而成的合成袖子，既有披风飘逸的动感美，同时也起到袖子的作用。通过结构设计与面料的相互配合，在动态不断的变化中，散发出随机的、意想不到的美。在装饰设计上，设计师为了达到突出上半身服装的目的，将一个倒V字线置于胸围线上，上半段绣以独特的花纹样，并从分割线开始吊下来丝丝亮珠而聚点成线，又汇线成面，宛如一道银烁的瀑布。随着模特儿的走动不断地变化闪动赋予整体作品强烈的动感与纤巧感，自内而外地散发出一种异域情调的浪漫风情，含蓄中带有变幻无穷的遐想，是融时代于民族性之中的佳作，[①]设计师将结构设计与工艺相结合，这是对服饰设计动感语意表现的一大突破。

图7-3-3 拉法艾拉·克瑞尔作品

对服饰动感语意的表达，不少设计师都做了大胆的创新，其形式和手法难以用种类的标准去概括，但其设计思想的巧妙与积极的开拓，非常值得我们去借鉴。

利用外造型、动作、面料花式配合，表现动感美，服装外造型在整个作品中起着主要的作用，如图7-3-4所示，这一作品非常显著的特点是人体动作与服装造型有机结合起来，兼容了理念创意与现实创意的双向特征，既表现美人鱼的外造型，又通过面料花纹的变化，引导欣赏者迅捷生动的联想。除设计师巧妙的造型分割设计外，面料花式的变化也非常出众，在裙子的侧面，通过飘动的异花式面料，从视觉上，把鱼尾

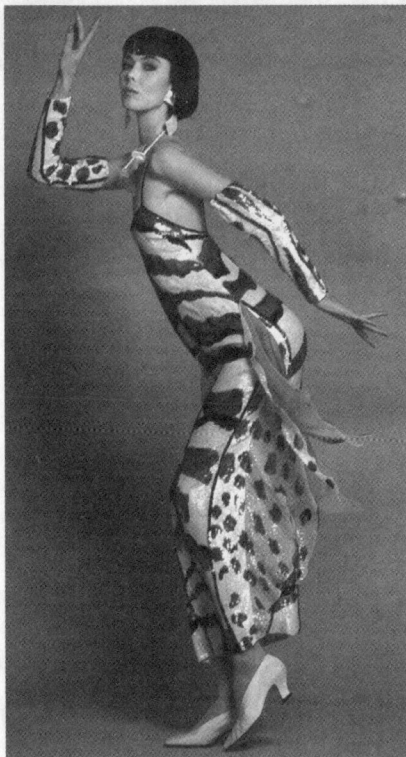

图7-3-4 路易·费罗作品

①刘晓刚等. 服装设计大师作品. 上海：中国纺织大学出版社，2000. 73.

向外伸展，一种轻松愉悦的心情油然而生，把欣赏者带到了欢乐的海底世界里。

四、仿生设计参与造型的表达

图7-3-5　森英惠作品

在服装设计界有"蝴蝶夫人"之称的日本著名设计师森英惠更是钟情以蝴蝶为主题，表现女性独特的魅力和风姿。她的作品线条流畅、优美，赋予作品优雅、含蓄的动感美，以蝴蝶翅膀为设计元素，设计出大量的礼服和成衣，如图7-3-5所示。

立体裁剪对服饰作品动感美的表现，是近年来服装设计师所不断追求并积极更新的设计手法，据此，他们创作出精美绝伦的佳作，同时也对立体裁剪服饰设计语言的创新作出了成功的探索。设计是什么呢？设计是一种行为，是一种创造前所未有的形式思维和物化的行为。一个成功的设计师，在不断创造优秀作品的同时，大胆地探索设计的新语言、开拓设计新思想，是每位设计师神圣的专业职责。

思考练习题

根据自己所设计的作品，尝试设计动态及化妆、饰物。

第八章　立体造型的多样性
及思维开发

从20世纪现代时装的开始，至今为止已经走过了整整一百年，在设计思想、手法、理念等各个方面都发生了质的变化，这个质变还将不断扩大。面对这个信息高速发展的高科技时代，服装设计也正面临着改革，其设计内涵也在不断地改变、不断地与各学科交汇，以期寻求更多新的审美元素，服装设计应该不断与科学技术、艺术、产业、现代文化融合。身为设计师，必须具有超前的意识和锐利的眼光，对整个社会的发展有深刻的认识，及时更新设计手法和语言模式，以最新的设计思想融入到飞速发展的社会中，在与其他学科的相互融合中不断发展，开拓新的艺术语言和艺术风格。

第一节　多学科渗透开拓新的审美视觉

21世纪的今天，高科技的发展、各学科间的相互交融，使各学科都产生了不同程度的裂变，那种单一的学科结构和独立的知识体系被打破，各学科间随着高科技的发展及碰撞不断进行重组，形成了新的知识结构和边缘学科体系。设计艺术也不例外，出现了许许多多艺术现象与风格，萌生出不少学科间相互摩擦而带来的个性艺术作品。立体造型艺术，更不仅仅圈于传统的、单一的手法及自身的更新发展，它更着重于学科间的交汇所产生的新视觉元素以及各学科间的创新所带来的艺术更新，作品更具有视觉冲击力，带给人们更强烈的心灵震动，乃至于在21世纪的今天，给人们的整个审美观和艺术观带来质的飞跃。

一、视幻艺术在立体造型中的引入

2007年，全国第八届大学生运动会开幕式服饰设计中，在对《奔跑》、《为青春喝彩》的构思上，借助服饰与视幻艺术的结合，相碰撞间把整个气氛带到为青春喝彩的动感高潮，如图8-1-1、8-1-2所示，服饰立体造型与视幻艺术的结合，产生了出色的动感表现效果。在服饰材料的采用上，在分割线中加入了反射的荧光元素，通过场景、灯光、动作、服饰等多方的配合，其感动效果更具心理冲击力，带给人们的是青春无敌、动感无限的视听享受。

图8-1-1　第八届全国大学生运动会开幕式服装设计《奔跑》

图8-1-2　第八届全国大学生运动会开幕式服装设计《为青春喝彩》

　　视幻艺术在近年更是飞速发展，视幻艺术家创造的这种新形式，改变了人们以往的视觉习惯。人们不再过多地关注设计本身的精神内涵，而是深入地挖掘设计本身对视知觉的影响和视觉心理的感应现象。正如匈牙利视幻艺术家法萨列里在描述他的绘画时指出："视幻艺术的设计是以等高线构成形式应用在作品里，而且作品在构成中渐增、渐减的变化，在注重视错觉生理的研究中发展而成。"视幻艺术根据人的视知觉特点，创造出刺激视网膜的图像，给设计以新的样式。[①]

　　视幻艺术是把视觉诉诸于直觉心理和科学之间的艺术形式，因此，随着现代电子技术和多媒体技术的发展，视幻艺术在服饰立体造型中的应用应该有更大发展的空间，发挥服饰设计本身独特的审美特性，穿着在运动中的人体中，以新的技术创造更刺激的视觉形式，从而把握其规律性，创造出富有视觉魅力和幻觉境界的艺术形式。

二、超声波技术在服饰立体造型中的引入

　　2007年，在全国第八届大学生运动会开幕式服饰设计中，对飞翔"天使"的立体造型上，介入了电子技术、光幻艺术、威亚技术（吊钢丝）。飘逸的白长裙、插上翅膀、在超声波光幻的照射下，飞翔在大运会的夜空中，裙子的飘逸、一闪一闪的光幻，把人物、场景塑造得非常优美、抒情和动感，如图8-1-3所示。

图8-1-3　第八届全国大学生运动会开幕式服装设计《心语》

---

①辛敬林. 装饰设计新语言. 重庆：重庆出版社，2001. 56.

三、环境艺术思维方式在服饰立体造型中的引入

环境艺术的设计思想涉及面覆盖了生活的各个层面，环境、建筑、室外、室内，比服装设计所考虑的范畴更加的宏观，空间构成、物质材料的构成、环境构成、其不同质、不同面，不仅停留在长、宽、高三维空间的对比设计内，还超越了三维，甚至是多维空间的渗透性表现，环艺与空间、环艺与物质形态、环艺与气候、环艺园林、环艺与建筑等，环艺所带来的艺术表现力是一个综合性的整体，是浑然一体的设计构思。在生活中与人的关系以及与自然的整体关系，节奏的体现更像指挥着一支庞大的乐队，这一点借用在服饰立体造型中是非常可贵的。2007年，全国第八届大学生运动会开幕式服饰设计中，在《奔跑》、《开往明天的地铁》的服饰设计上，尝试通过场景、灯光、服饰、视幻艺术、音乐的结合，利用服饰分割线设置反光色条，在动作表演的同时，通过灯光、视幻、激光反射在服装上，产生了强烈的运动效果。

环境设计与服装设计有着各自不同的艺术特点，所表现的方式也有着自己独特的语言，我们企图在这种个性中找到共同的连接点，在两个分支艺术种类中找出艺术设计的契机，从而相互补、相借鉴、相糅合，寻找出新的设计语意。

四、镭射技术在服饰立体造型中的引入

随着科技的发展，镭射技术在各行业的应用不断扩大，在服装装饰加工上也开始得到应用。通过镭射技术，绘制各种图案造型镭射到衣片上。亮珠植出多姿多彩的图案，尤其是对塑造动感的服饰更有效果。亮珠片通过柔软的面料和模特的动作，闪射出千变万化的图案，如图8-1-4所示，镭射技术植珠片，随设计师所欲植出理想的图案，高科技引进对表现服饰立体造型的表达有着积极的推进作用。

图8-1-4 学生聂颖作品

随着社会的发展，服饰立体造型的语言从长、宽、高三维空间，发展到时间、运动第四维空间，再向多维空间方向思考。以本学科为主导，横向与更多学科相关联、相影响，服装与环境、服装与园林、服装与建筑、服装与空间、服装与物理、服装与化学，开拓服饰立体造型多元素的语言表现方式，作为一个设计师，要自觉地、不断地在各门艺术间、不同学科间寻找更新渗透的契机，艺术在多元化发展的今天才可能获得创新及成功。

第二节　穿着方式的突破表现动感美

服饰立体造型的突破，不仅体现在追求设计手法、色彩、材料等方面的创新，概括地说：立体造型的表达，贯穿于整个创作过程中，也包括了着装的行为、方式、动作等细节。穿着服装也是整个创作过程中的一部分，服装设计最终只有与人体合二为一才能构成完整的艺术形象。

一直以来，艺术家们对艺术服饰的立体造型设计总是停留在单人、一件作品的穿着方式上，最大突破的都只是在动作、款式等其他方面，而极少在穿着方式上进行深入的挖掘。对艺术服饰设计而言，人们在审美中抛开了服饰本身的物质存在和物质需要价值，只追求在艺术造诣、艺术享受的精神因素上，正如黑格尔所说的："欲望所要利用的木材或是所要吃的动物如果仅是画出来的，对欲望就不会有用……人对艺术作品的关系却不是这种欲望的关系……它只应满足心灵的旨趣"，"由此可知，艺术兴趣和欲望的实践兴趣之所以不同，在于艺术兴趣让它的对象自由独立存在，而欲望却要把它转化为适合自己的用途。"[1]因此，艺术服饰设计的构思和塑造更应该是跳出某一些限制的空间。虽然服饰美离不开人体，但它不是着眼于突出人体自然的美，而是调动造型手段，追求一种对人体的装饰美，追求造型艺术产生的美感，这也是构成服饰美的另一种主要形态。

如果说个人穿着的作品是一种惯例，那么是否可以考虑有双人穿着的艺术作品、多人穿着的艺术作品？

如图8-2-1所示，系列作品《舞蝶》，设计构思紧紧抓住人体运动中的动态美与服饰的结合，产生出一种蝴蝶飘飞的艺术效果。

---

[1][德]黑格尔. 美学（第1卷）. 朱光潜译. 北京：商务印书馆，1979. 46~48.

图8-2-1 胡大芬作品《舞蝶》

设计构思紧紧围绕着塑造蝴蝶动感美为主题,力求在服饰动感语意的表现上作新的尝试,在穿着方式上作新的突破。双人穿着,通过模特动作与服饰主题相驱动,表现千姿百态的蝴蝶在飞舞,在灯光、烟冒的舞台效果配合下,一时间,那种蝴蝶动感美的塑造达到了高潮,一只只用丙烯材料精心绘画的蝴蝶通过人体动作、双模特合力大面积地展示,仿佛要跳出服饰、自在飞翔。

如图8-2-2所示,在穿着方式上,把服饰造型从生活必需品演变成了穿着者修改表达的工具。

在服饰立体造型的探索中,设计师不能仅限于某些固定的陈旧观念,在此基础上,还可以努力争取在三个穿着、多人穿着、组合穿着等方式上作新的探索。

图8-2-2 图片来源:服装设计师,
2010(8).158

第三节　多元素的渗入塑造服饰动感美

　　服饰设计是一个庞大的设计体系，涉及多个学科的艺术，美国社会预测学家约翰·奈斯比特在《大趋势》一书中说："对于今天的艺术——所有的艺术来说，如果说有什么特点的话，那就是有多种多样的选择。这里没有占统治地位的艺术流派，没有非此即彼的艺术风格。我们处于不同艺术时代的交叉点上……成千上万个艺术流派和艺术家都在竞研争辉而没有新的领袖出现。"[①]在高科技飞速发展的今天，服饰艺术不仅具有日新月异的姿态，更可以形容为千奇百怪、瞬息万变，各种设计的元素都可以无拘束地运用到服饰设计中，并通过这些不同的元素，融入社会的文化元素、审美元素。从服饰设计并不是单一的、孤立的艺术本体思考，服饰设计是具有极大包容性的精神创造，服饰立体造型不仅仅考虑到人类的现实之用，而更多的是考虑在一种审美艺术中通过物化的服饰立体造型转换到人的精神世界上，强调精神上的享受与共鸣。从这一点的意义出发，服饰立体造型多元素的渗入更利于动感美的塑造和表现。

图8-3-1　三宅一生作品

一、材料的大胆尝试表现动感美

　　设计观念的转变，对服饰材料的选择和利用也应该发生改变。过去被人们忽视或者不被认为有价值的材料都可以无拘束地应用，各种物品、金属、玻璃、纸张、木材，包括各种自然物本身，就连光、声音等都可以成为设计元素的一个部分，成为体现艺术观念、表现动感艺术的重要载体。

　　材料作为一种设计元素，本身有着明显的语义性。当我们面对一种新材料的时候，就会发现材料本身包含了独特的意义，我们可以从中读解出不同的艺术信息和文化内涵。材料的重新选择必然带来形式上的变化，现代设计除了关注各种形式因素以外，也更为注重材料本身对设计风格的影响和作用，不断地赋予不同的材料以新的设计意念。[②]

　　2007年，全国第八届大运会开幕式服饰设计中，在《我的舞台》服饰设计上，运用多种不同的材料和制作方式，把呆板的教学器具通过服饰设计生动地表现在舞台上，采用了各种铁支架、硬纸皮、毛线等材料，塑造各种教学模型，并穿着在人体上，成功地把呆板的教学工具用服饰形式生动地展示在大运会的舞台上。

　　如图8-3-1所示，力求在材料选用上的创新，是塑造服饰立体造型一个永恒的话

①[美]约翰·奈斯比特. 大趋势. 魏平译. 北京：中国社会出版，1984. 245.

②辛敬林. 装饰设计新语言. 重庆：重庆出版社，2001. 38.

题。服饰立体造型也意味着对原料审美特色的深入开掘。

二、服饰与体妆延伸设计表现动感美

体妆，在近年不断升温和发展，服饰立体造型如何在体妆的延伸设计开发上走出一条新的路，也是艺术实践中一个应积极探讨的课题。如图8-3-2所示，在全国第八届大学生运动会开幕式服饰设计中，广州美术学院的出场形式完全采用了服饰与体妆结合的手法，表现漫画的情趣，给人以诙谐、幽默之感，在服饰与体妆结合设计上作了成功的尝试。

图8-3-2 广州美术学院学生作品

车尔尼雪夫斯基说过一段很有名的话："每一代的美都是而且也应该是为那一代而存在；它毫不破坏和谐，毫不违反那一代的美的要求；当美与那一代一同消逝的时候，再下一代将会有它自己的美、新的美，谁也不会有所抱怨的……今天能有多少美的享受，今天就给多少；明天是新的一天，有新的要求，只有新的美才能满足它们。"①

随着时间的延伸不断地改变着自身的形式结构和语言模式，美学的概念在原有的起点上开始变异，各种形式在彼此的相互撞击中，构成了新的语言和新的知识结构，历史给了我们更宽阔的视野和知识，我们要把握住时代的特征和艺术设计语言变化的规律，更为重要的是要以新的目光和心态，告别传统，使现代设计的语言既带着往日的风尘，

①北京大学哲学系美学教研室. 西方美学家论美和美感. 北京：商务印书馆, 1980. 246.

又以一个崭新的姿态，走向未来。追求设计的时代风尚，对服饰动感语言的探讨，更是随着社会的发展而不断地更新，更需要设计师孜孜不倦的探索。

思考练习题

结合课程所学的知识及在实践中的理解，每位同学完成创新艺术服饰设计草稿，三个方案。

第九章 立体裁剪设计过程的
实例操作

立体裁剪的过程，包括了构思及策划阶段、制作阶段、展示阶段，每个阶段构思的过程需要一个整体的策划，从开始设计到实施，要有一个计划，在每个阶段中，要按照这个策划去完成。

第一节　效果图的绘画及设计构思的表达

以全国第八届大学生运动会开幕式整体设计为例，在接到任务后，首先是按导演的要求，给整体晚会的服装确定一个大的基调。

为展现当代大学生全面发展、健康向上的精神风貌，展现广东校园文化和人文精神，把大学生运动会开幕式办成一个充满青春气息、动感活力、朝气蓬勃的文体表演。开幕式打破了传统运动会开幕的"团体操"模式，增强了校园文化与地域文化的冲击力，形式上吸纳了歌舞、体操、文体表演、时装表演、美术作品展示等为一体的新的开幕式艺术形式，更具有艺术性、运动性、可视性和青春活力。服饰设计的创作理念也打破了以往以体育运动服为主体的格局，更强调时尚、青春和活力。

根据这个基调，首先进行第一次整体的策划，这是服装设计师的工作。设计师要把握的是整体效果，是否可以用色彩作统一，把五大篇章用色彩作区分，围绕着表现高雅清新、在时尚的色彩中蕴含着文化、融体育运动与大学文化为一体具有强烈现代感、青春气质和校园性格，把五大篇章的颜色分为浅紫调、极色对比调、缤纷色彩、大红、金色到结尾的五彩缤纷，策划是从浅到深梯级渐变的色彩版块，色彩带动每场的内容。

以色彩表达各个篇章的情调，以色彩给观众带来视觉的冲击。在确定了色彩的表达后，服饰造型设计以青春、时尚、无拘束地表现动感美为指导思想，深入进行各场次的具体款式设计。

一、草图及效果图阶段

根据构思，绘画出草图。草图的绘画很随意，能表达设计意念即可，草图的表达以反映款式结构为主，必要时可就款式专门画出平面图。

款式的设计当然要结合内容和具体的节目动作去详尽考虑，但是，围绕着时尚和超越去尽量夸张款式，有了这个大的调子，款式设计就有了方向。最终，由导演定稿完成。

在审稿通过后，可根据这些草图绘画出效果图，下面是一组广州大学立体裁剪设计的作业效果图展示，如图9-1-1、9-1-2、9-1-3、9-1-4所示。

图9-1-1　学生龚婉婷作品

图9-1-2　学生李子莹作品

图9-1-3　学生卢燕莉作品

图9-1-4　学生肖丹丹作品

二、设计构思的撰写

设计构思的撰写是作为一个设计师必须具备的能力，设计构思是对自己作品的概括和艺术思想的表达，虽然撰写的方式有多种，没有一个规定的模式，但是，总结起来可以包括以下几个方面：

（1）灵感来源：对作品灵感来源的交代，比如一些作品灵感来源于某些杂志、书、图片、电影等，用很概括性的语言表达自己作品的灵感初衷、目的或者是设计想法。

（2）创新表达：包括了作品的创新思想，与别人不同的、作品的个性表现，也就是说作品的闪光点。

（3）造型、材料、手法、技术：对制作手法、材料选用、工艺等都可以略作介绍。

（4）艺术特色：艺术思想、引导欣赏。

设计构思的长度大约300字，让人一目了然，在有限的字数内让人全面了解作品的设计思想、手法及艺术特色。

例一：《花魅》，学生李敏斌作品

灵感来源于唐朝周昉《簪花仕女图》，画中女身穿明衣，高腰石榴裙，帔帛，高髻簪花，为唐代十分罕见的新潮服装。花魅，意思是花儿的璀璨亮丽完美呈现，作品采用了广东中山传统珠绣工艺，拼凑出女性各种娇柔高贵的迷人姿态，展现光彩夺目的一面，就像皑皑白雪般，流露高贵脱俗的魅力，如图9-1-5所示。

图9-1-5

图9-1-5

图9-1-6

例二：《星夜》，学生聂颖作品

灵感来源于梵·高名画《星夜》，画中碧蓝天空充满了旋涡的云，闪耀的星星和明亮的月亮。梵·高用充满运动感的、连续不断的、波浪般急速流动的笔触表现星云和树木，星云和树木就像一团正在炽热燃烧的火球，奋发向上。突出采用了广东中山传统珠锈工艺，不断夸张这些动感的特征，令人产生重重的联想，具有极强的表现力，给人留下无穷的回味，如图9-1-6所示。

图9-1-6

　　设计构思的撰写比较随意，不一定是格式化，总体思想是在有限的字数内尽显其作品的创新点及创意思想、艺术追求以及欣赏向导。从学生的设计实践中，大多数学生是先完成设计，在最后才撰写设计构思，这种方法也是可取的。但是，特别要注意的是在实施设计方案的过程中，时刻明确自己的艺术追求和艺术特色，创新与特色要自始至终贯穿在我们的思想当中，这样才不容易偏离设计的初衷。当然，在制作中途修改设计构思也屡见不鲜，重要的是我们必须保持清醒的头脑，在不断修改中逐步完善。

第二节　设计与制作过程实例

　　通过实例作品的设计与制作过程，更形象地展示设计与制作的程序及各个程序要解决的问题。学生在设计及制作过程中不可能一帆风顺，多多少少存在着各种各样的难题。但关键是贵在坚持、不断修改和完善，这是做立体裁剪最重要的一个环节。

　　实例：学生刘嘉雯作品

一、设计阶段

这个学生的想法有一点特别，把自己对人生的态度和感觉写在她的作品中，虽然自己的外表很普通、很不起眼，但是我相信每个人靠自己一双手的努力是能够为自己争取一片天空的。以下是来自她真实感受的一段话，在她完成作品后附在作品中的感言。

"当我听到其他人说你不够漂亮的时候，我真的觉得很不开心，感觉好委屈，就好像在说我一样，我觉得很不值得，天生有美丽外壳的小孩上天对她们很好，从小到大更容易得到长辈们的疼爱与照顾，所有更加美好的的事情都会降临在她们身上。是不是丑小鸭就没有天空呢？其实只是他们看不见你的闪光点而已，我欣赏你的缺陷美，但是我不喜欢他们对你的攻击。所以我会尽自己最大的努力去证明给所有人看，我的眼光是对的，我要让所有丑小鸭都能够飞上天，我希望可以用我的双手为你们争一片天空。我希望你会尽自己最大的努力去证明给今日说你不行的人知道，其实你就是天鹅。尽管你不会看到我今日所写的东西，但是我依然想说YOU ARE BEAUTIFUL SO BEAUTIFUL……"

这是作品构思的来源和设计思想，很有自己的想法和特点。

二、制作阶段

（1）设计辅助带的定位：如图9-2-1、9-2-2、9-2-3、9-2-4所示。

图9-2-1

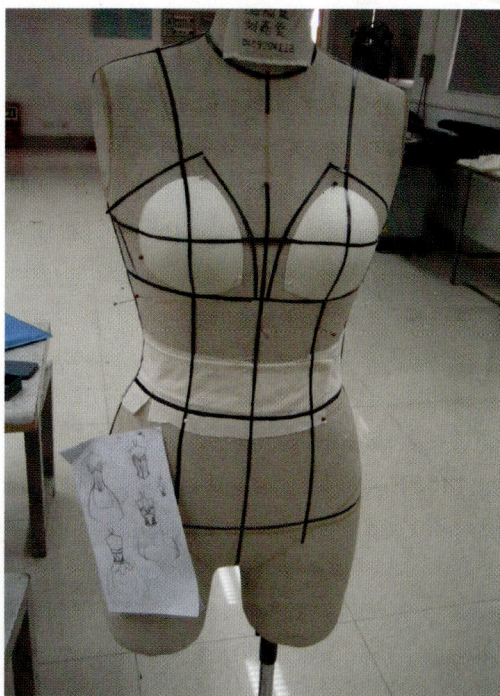

图9-2-2

图9-2-3

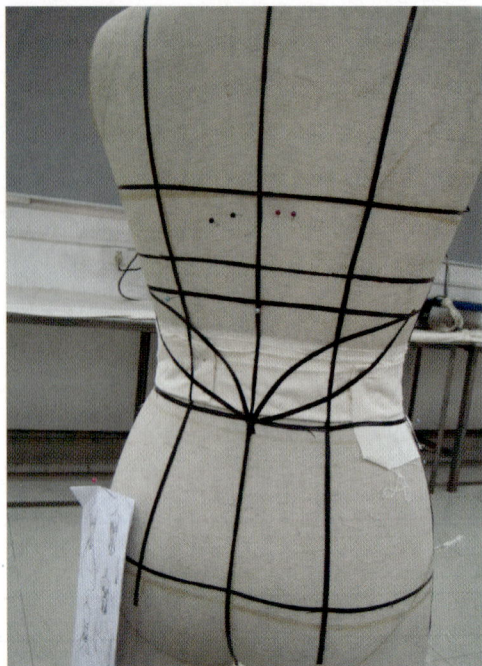

图9-2-4

（2）备布、整理白胚布。

（3）操作过程，如图9-2-5、9-2-6、9-2-7、9-2-8所示。

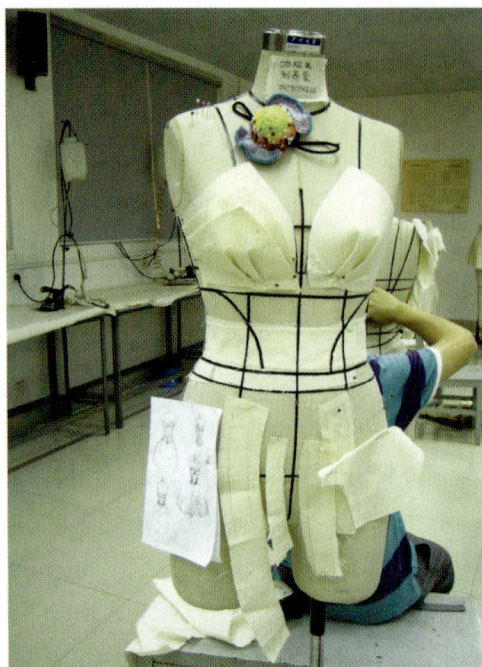

图9-2-5

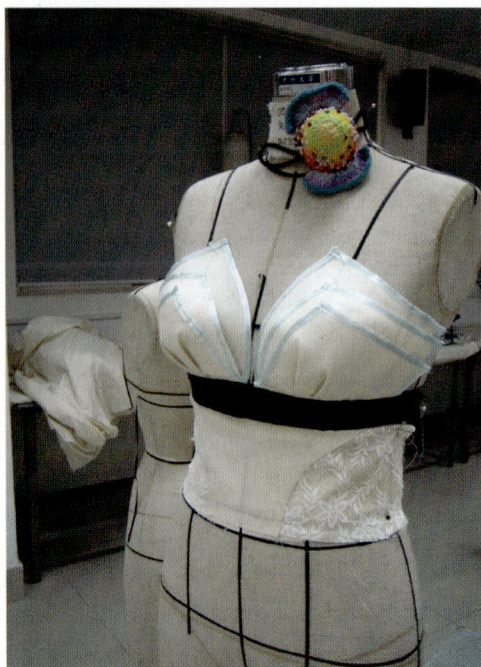

图9-2-6

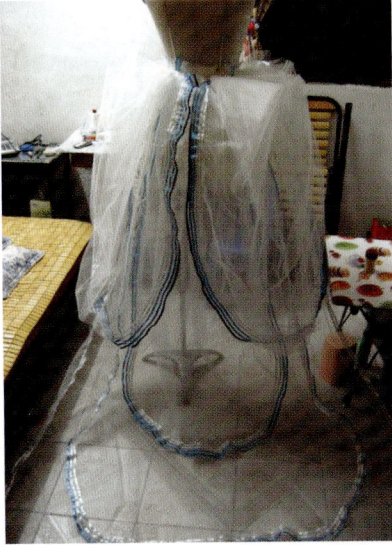

图9-2-7

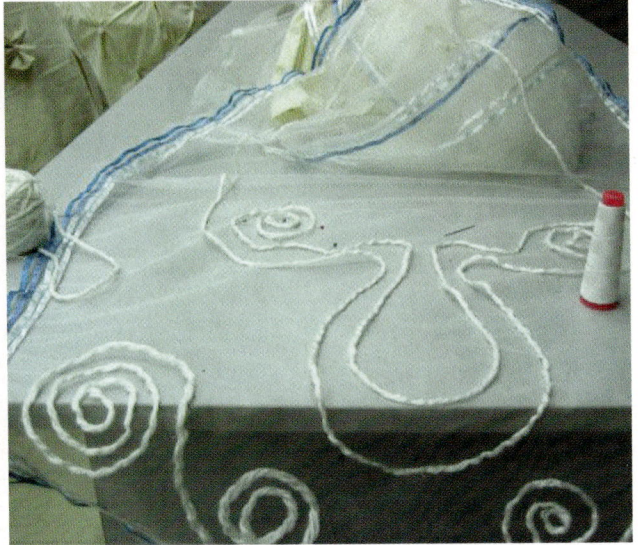

图9-2-8

（4）成品效果：如图9-2-9所示。

图9-2-9

（5）整体设计的艺术效果：如图9-2-10所示。

图9-2-10

三、效果图的绘画

四、课堂作业展示

学生自我策划课程作业展演，亲自经历了策划、剧本、化妆、音乐、走秀等环节，再次强调的是必须要求学生自我完成。如图9-2-11、9-2-12所示。

图9-2-11

图9-2-12

结 语

　　就服饰艺术作品立体造型设计与立体裁剪的应用而言，本教材从剖析艺术作品中"运动"一词的真义开始，列举了艺术作品中动感美塑造的成功名作、动感美的理论实质、动感美的常用表现手法、动感美语言表达在各个不同年代所表现的特色及发展，并在理论层面上，深入研究了服饰审美的特殊性，明确地指出：服饰艺术是借助物质手段直接美化人体，并通过人体展示其艺术创意的综合性艺术，随机性是观赏服饰艺术的一个最为独特的焦点，更有人这样形容，服饰艺术是软雕塑、运动的雕塑、千变万化的雕塑，是其他种类的艺术不可代替的。黑格尔说："绘画和雕塑尽管所表现人物形象在实际上是静止的，却仍有权去表现运动的外貌。"①黑格尔所重视的观赏价值只有现实生活中的服饰艺术才能真正做到，这种观赏的性质当然和雕塑绘画不尽相同，它像音乐一样在流动，在连续运动的"先后承继"中观赏。这样，雕塑绘画提供的是一个固定的观赏对象，而服饰艺术提供的则是一个比较不固定的观赏对象。

　　深刻理解了服饰设计艺术的特殊性，使设计师更加有意识地弘扬服饰设计艺术的魅力，并通过对世界大师作品的剖析，读懂领会设计大师的设计手法、表达的内涵。

　　服饰立体造型语言的更新，是永恒不变的话题，在社会飞速发展的今天，设计师更需要有锐利的眼光、前卫的触觉，及时更新设计语言、手法、内容和形式。创新是服饰设计的生命，更是设计师神圣的社会责任，这样，才不愧于时代、不愧于设计师的社会职责。

思考练习题

课程结束后，师生共同策划一台约20分钟的《课程展示表演》。

说　明

1. 全书学生立体裁剪作品指导教师胡大芬。
2. 第八届全国大学生运动会开幕式整体服装设计《超越》，2007年由曾志伟、胡大芬设计，广州大学04服装设计班全体学生任设计助理。

---

①[德]黑格尔. 美学（第3卷）. 朱光潜译. 北京：商务印书馆，1979. 358.

参考文献

[1] [美]苏珊·朗格. 艺术问题. 滕守尧，朱疆源译. 北京：中国社会科学出版社，1983.

[2] [美]鲁道夫·阿恩海姆. 艺术与视知觉. 滕守尧，朱疆源译. 北京：中国社会科学出版社，1984.

[3] 杨允艺. 十艺术历程. 北京：人民美术出版社，2004.

[4] [英]克莱尔 科克斯，瓦莱丽·门德斯，希阿娜·巴斯. 世界顶级时尚大师作品典藏——詹尼 思哲. 王浙，方靖译. 上海：上海人民美术出版社，2005.

[5] 北京大学哲学系 研室编. 西方美学家论美和美感. 北京：商务印书馆，1980.

[6] [法]罗丹口述，葛赛尔记. 罗丹艺术论. 沈琪译. 北京：人民美术出版社，1978.

[7] 王受之. 世界时装史. 北京：中国青年出版社，2002.

[8] 王受之. 世界现代设计史. 北京：中国青年出版社，2002.

[9] 陈美芳，李少华. 国际杰出服装设计师. 台湾：艺风堂出版社，1977.

[10] 刘晓刚等. 服装设计与大师作品. 上海：中国纺织大学出版社，2000.

[11] 辛敬林. 装饰设计新语言. 重庆：重庆出版社，2001.

[12] [德]黑格尔. 美学（第1卷）. 朱光潜译. 北京：商务印书馆，1979.

[13] [美]约翰·奈斯比特. 大趋势. 魏平译. 北京：中国社会出版，1984.

[14] [德]黑格尔. 美学（第3卷）. 朱光潜译. 北京：商务印书馆，1979.

[15] [英]鲍桑葵. 美学史. 张今译. 桂林：广西师范大学出版社，2001.

[16] 卢晓辉. 中国人审美心理的发生学研究. 北京：中国社会科学出版社，2003.

[17] 郑巨欣. 世界时装史. 浙江：摄影出版社，2000.

[18] [美]鲁道夫·阿恩海姆. 艺术的心理世界. 杜烨译. 北京：中国人民大学出版社，2003.

[19] 刘晓刚. 时装设计艺术. 上海：中国纺织大学出版社，1997.

[20] [日]田中千代. 世界民俗衣装. 李当岐译. 北京：中国纺织出版社，2001.

[21] [美]苏珊·朗格. 情感与形式. 刘大基，傅志强译. 北京：中国社会科学出版，1986.

附　录

"立体裁剪2"课程教学大纲

课程名称	立体裁剪2		
适用范围	服装设计专业	课程类型	专业选修课
课程性质	专业必选课	先修课程	立体裁剪1
学分数	1.5	实验学时	9
学时数	27	考核方式	考查
课外学时	约100	制定单位	广州大学

一、教学大纲说明

（一）课程的性质、地位、作用和任务

《立体裁剪2》课程立体裁剪1的基础上，进行逐步深入的各种技巧性的设计，编织手法、特殊手法等各种工艺知识的学习，使学生能熟练掌握立体裁剪的方法和最基本的技巧，以达到随心所欲地进行造型设计的能力。

（二）教学目的和要求

通过本课程学习，掌握立体裁剪的技巧和特殊方法。

课程要求学生独立掌握立体裁剪的操作方法和技巧，理解服装结构设计中平面与立体的关系，通过学习和实操训练，加强学生的动手能力，在这一阶段的课程中，进行复杂的时装设计和礼服设计。

（三）课程教学方法与手段

采用理论示范教学和实操训练相结合的方法。在理论教学课中，借助PowerPoint多媒体教学。先学习基础方法，再进行实操和创作设计。

（四）课程与其他课程的联系

先修课程：服装工艺设计、立体裁剪1等。

后续课程：专题服装设计、毕业设计。

（五）教材与教学参考书

基本教材：胡大芬. 立体裁剪. 校内自编，2007

参考资料：

（1）[日]小池千枝. 文体服装讲座. 白树敏，王凤岐译. 北京：中国轻工业出版

社，2000.

（2）[日]中泽俞．人体与服装．袁观洛译．北京：中国纺织出版社，2000.

（3）[美]克劳福德．美国经典立体裁剪．张玲译．北京：中国纺织出版社，2003.

二、课程的教学内容、重点和难点

内容：第一单元：第一讲　公主式原型设计
　　　　　　　　　　　　　一、公主原型（变化）的立裁方法
　　　　　　　　　　　　　二、公主式连衣裙的立裁变化设计
　　　　　　　　第二讲　分割式时装的设计
　　　　　　　　　　　　　一、分割式紧身时装的立裁
　　　　　　　　　　　　　二、分割式时装立裁的设计

重点：公主式原型的位置移动
难点：分割式时装立裁的设计

内容：第二单元：第三讲　裙子的设计
　　　　　　　　　　　　　一、叠褶式
　　　　　　　　　　　　　二、竖向式
　　　　　　　　　　　　　三、抽褶式
　　　　　　　　　　　　　四、时装裙即堂设计操作
　　　　　　　　第四讲　褶式上衣类的设计
　　　　　　　　　　　　　一、褶式上衣
　　　　　　　　　　　　　二、固定褶式、活褶式
　　　　　　　　第五讲　编织式上衣
　　　　　　　　　　　　　一、设计实例1、2

重点：固定褶式、活褶式
难点：手法组合的应用

内容：第三单元：第六讲　礼服的立裁
　　　　　　　　　　　　　一、礼服的基本造型
　　　　　　　　　　　　　二、小礼服类型
　　　　　　　　　　　　　三、支撑式礼服类型
　　　　　　　　　　　　　四、晚礼服类型
　　　　　　　　　　　　　五、婚礼服类型

重点：礼服的表现
难点：婚礼服

内容：第四单元：第七讲　时装的创意表现
　　　　　　　　　　　　　一、即兴表达的方法

二、国外优秀立裁作品展示及设计分析

重点：国外优秀立裁作品展示及设计分析

难点：命题设计

三、学时分配

教学内容		各教学环节学时分配						采用何种多媒体教学手段
章节	主要内容	讲授	实验	讨论	习题	实践	其它	小计	
一	公主式原型设计	4				1			PPT授课、课堂录像回放
二	分割式时装的设计	4				1			PPT授课、课堂录像回放
三	裙子的设计	4				1			PPT授课、课堂录像回放
四	褶式上衣类的设计	4				1			PPT授课、课堂录像回放
五	编织式上衣	3				1			PPT授课、课堂录像回放
六	礼服的立裁	4				2			PPT授课、课堂录像回放
七	时装的创意表现	4				2			PPT授课、课堂录像回放
合计		27				9		36	